创新无限

UNLIMITED
INNOVATION

Shenzhen
Miracle
Revelations

深圳奇迹启示录

陈宪 ◎ 著

机械工业出版社
CHINA MACHINE PRESS

这是一部深入剖析深圳经济特区 45 年（1980～2025 年）以来如何从边陲小镇崛起为全球创新中心之城的力作，全书从经济体制、发展动力、产业生态、融合创新、城市发展五个维度，采用翔实的事实、充分的数据和有趣的故事，结合经济学相关的理论分析来展现深圳 45 年来的发展巨变与世纪跨越。同时全书还指出一系列改革举措：设立经济特区，构建社会主义市场经济体制，培育创新和产业生态，推动产业创新向科技创新与产业创新深度融合，形成"20+8"产业集群，这些举措促成了深圳从边陲小镇飞跃成为全球瞩目的创新之城。此外，本书还深入分析了深圳是如何将创新的基因融入城市发展的脉搏，成为强城时代下新质生产力标杆之城的。

图书在版编目（CIP）数据

创新无限：深圳奇迹启示录 / 陈宪著. -- 北京：机械工业出版社，2025.8. -- ISBN 978-7-111-78929-1

Ⅰ. F127.653

中国国家版本馆 CIP 数据核字第 2025U3X797 号

机械工业出版社（北京市百万庄大街 22 号　邮政编码 100037）
策划编辑：章集香　　　　　　　　　责任编辑：章集香　姜兴赫
责任校对：张勤思　马荣华　景　飞　责任印制：张　博
北京铭成印刷有限公司印刷
2025 年 9 月第 1 版第 1 次印刷
147mm×210mm・10.375 印张・1 插页・187 千字
标准书号：ISBN 978-7-111-78929-1
定价：69.00 元

电话服务　　　　　　　　　网络服务
客服电话：010-88361066　　机 工 官 网：www.cmpbook.com
　　　　　010-88379833　　机 工 官 博：weibo.com/cmp1952
　　　　　010-68326294　　金 书 网：www.golden-book.com
封底无防伪标均为盗版　　　机工教育服务网：www.cmpedu.com

FOREWORD
推荐序

敢于引领时代

在深圳经济特区成立45周年之际，陈宪教授完成了他的新作《创新无限：深圳奇迹启示录》，并嘱我作序。陈宪教授是我尊敬的前辈，是我人生旅途中的伯乐。晚辈为前辈的著作作序，不知道在学术史上有没有先例，我无从考证，即使有，可能也寥寥无几。但这件有违常理（礼）的事情，发生在为深圳这样一座城市所写的著作上，倒也并不违和。

与现在是深圳常住居民的陈宪教授不同，说起深圳这座城市，我只能以一个旁观者的视角来表示惊艳。不过，在这篇序言里如果再重复那些解读深圳的因素，比如说人年轻，民营经济强大，那就没什么意思了。

虽然难免俗套，但我还是更愿意从天时、地利、人和这些角度去谈深圳的故事。希望我的这些关于深圳的理解能够对其他的城市有所启发，让城市的建设者们能够尽量做对的事，少走弯路。

正如所有人都知道的那样，深圳的故事必定要放在中国经济改革开放的历史当中去说，这就是深圳作为经济特区的历史。但少有人去谈及 21 世纪初深圳的一次战略性的选择，那就是深圳到底是要发展重工业还是应该提前布局高科技产业，这段历史则是深圳不再那么具有经济特区特色的历史。在这个意义上，深圳的历史其实跨越了深圳作为经济特区和不再那么突出经济特区特征的前后两段，这也是一开始我建议将本书取名为《深圳跨世纪》的原因之一。

陈宪教授在书中提到，当时曾有当地领导做过深圳要发展重工业的决策，但是没过几年这个决策就被放弃了。之后深圳开始布局高科技产业，直到 20 年之后，深圳的高科技产业在全国甚至全世界获得领先地位。这段历史是深圳的成功，也是整个中国经济转型升级的缩影。

我特别要提醒读者注意的是，政策的影响可能只起到了部分作用，但凡当你看到政策有积极影响的时候，要明白一点，只有当这些政策配合时代所需和地理优势时它才能成功。这个道理放在深圳是成立的，放在其他任何地方（例如合肥）

也是成立的。如果仅仅因地方主官一时兴起,一个地方出点儿政策就可以获得成功,那么我们今天在深圳看到的应该就是另一番机器轰鸣的景象了。

之所以天时必须配合地利,那就必须得提到全球化和港口的作用。我再次强调不能太过于夸大政策的影响。如果仅仅把深圳的成功理解为政策的成功,特别是经济特区政策的成功,那么在中国你至少应该可以看到4个深圳,但其实深圳的成功遥遥领先于其他3个同期设立的经济特区。所以深圳的故事必须和靠近香港连在一起来说,而且还要强调,靠近香港还不只是靠近香港,而且是靠近了全球市场。在这个故事里,与香港地理位置邻近,再加上深圳的深水港条件以及珠江入海口的位置,共同构成了它的地理特性。相比之下,改革开放之初的广州,不仅没有经济特区的政策,也没有靠近香港的便利度。即使是隔海对望的珠海,那时也没有港珠澳大桥的便利,与深圳和香港紧密相连相比,珠海地理上的优势还是相差很远。珠海的港口条件也因为泥沙淤积、滩涂较多等问题,远不如深圳。一直以来,在有关中国城市化和区域发展的研究里,我之所以不断地强调地理位置的重要性,还是想传递这样一个信息:在现代化的市场经济里,不能盲目相信人定胜天,一定要因势利导。

放在整个国家的视野里,如果另外找一个地理条件能够和深圳比拼的城市,那么它可能就是上海了。如果说深圳抓住了第一波改革开放的红利，那么上海则利用自己得天独厚的长三角龙头城市的位置，抓住了20世纪90年代之后中国第二波改革开放的红利。而这第二波改革开放，则已经是中国经济整体面向全球市场的故事，而不再以香港和深圳的联动作为一个主要窗口了。恰恰此时，深圳在经济特区和地理位置方面得天独厚的优势也不再那么明显，下一步往哪里走就变得十分关键。这时历史选择了高科技，人也只能顺势而为，勇敢选择科技作为第二段增长的战略路径。

展望未来，长三角和珠三角仍然是中国经济最有活力的地区。从人口数量来讲，长三角三省一市的人口相当于日本的两倍，而广东省加上港澳特别行政区的人口则相当于一个日本的人口。这两个三角洲地区的总人口已经相当于整个美国的人口。如果要在这两个地区中挑选一座城市，其在未来的实力能够接近纽约，那么我想这座城市可能会是上海，我借机给我所生活和工作的城市鼓鼓劲儿。如果要挑选一座城市未来将比肩硅谷，那么，深圳应该是首选。相对于这样的远景，如果深圳能够在制度型开放、大学创新、文化繁荣、生活宜居这几个方面做得更好，我相信，在今天它能吸引陈宪教授这样的学者去继续发挥余热，在未来它就能进一步吸引更多全球的年轻人才前去创新和奋斗。

近些年，我几次去深圳出差，看到深圳在文化、消费等方面已经有了一些新的思考和举措，但在城市发展的空间方面，深圳还要进一步摆脱城市规划和建设用地的束缚。在服务业占比越来越高的情况下，深圳在街道的宜于行走性和活力等方面还需要进行持续的改善。不要小看这些细节，正如我在《向心城市：迈向未来的活力、宜居与和谐》一书当中所讲的那样，中国经济发展到了今天，一座城市的生活品质高低已经成为能否持续产生人口吸引力的关键所在。面对可能到来的第三波发展的天时，深圳的地理（地利）优势不会发生根本的变化，那么就要看深圳是不是仍然有敢于引领未来的"人和"了。

话说回到陈宪教授这本有关深圳发展历史的书。《创新无限：深圳奇迹启示录》中有故事，有数据，我读得津津有味。每一次借工作的机会到深圳去走访企业和科研院所，都能够让我感到精神振奋。相对于中国巨大的人口规模和国土面积，深圳这样一块面积仅有约 2000 平方千米的"弹丸之地"之所以重要，本质上就是因为它给我们提供了一种工作和生活的方式，给了我们一个敢于引领时代的去处，敢于创新的人还是会源源不断地涌向深圳。当然，我更希望，在中国的大地上，像深圳这样能为各类人才提供一个圆梦机会的城市越来越多。

陆铭

2025 年 3 月于上海家中

PREFACE
前言

在人类历史上，城市的历史大约有6000年。[一]对于一座城市而言，45年是极其短暂的，但历史上还未曾有过像深圳这样的城市，在1980～2025年的这45年间发生了如此大的变化。

深圳在这45年里，经历了跌宕起伏、波澜壮阔的发展历程。不仅在自身历史上，而且在中华人民共和国的历史上，乃至在人类社会发展的历史上，深圳都有值得记载的内容。可是，要以一己之力，比较完整地撰写这座城市45年的发展历

[一] 莫妮卡·史密斯著:《城市：最初的6000年》，中国科学技术出版社2023年版。

程，注定力有不逮。《创新无限：深圳奇迹启示录》从一个经济学者的视角，依凭个人的观察和研究，选择若干角度，如经济体制、发展动力、产业生态和融合创新，将这些内容嵌入到深圳经济特区成立45年的城市发展脉络中，讲述深圳从1980年到2025年的产业发展和城市变迁。这种写法难免取舍不当、挂一漏万。

我少小离家，20年后，于20世纪90年代初回到出生地上海。过去10多年我常来深圳，直到2024年移居深圳。在观察和研究深圳时，我总是下意识地拿它与上海比较。

最近，我在一篇短文中写道："数十年作为中国经济第一城的上海，已完成了从产业型城市向综合功能型城市的转型，是目前我国城市功能最为齐全、实力最为强大的城市，没有'之一'。仅仅用时40多年，就从边陲小镇成长为一线城市的深圳，仍然是产业型城市。但由于其超强的产业创新能力，并正在加强科技创新与产业创新的深度融合，深圳正在从产业型城市向综合功能型城市转型。可以预见，这个转型在未来不长的时间内可以完成。"这算是我对深圳研究的一个尚不成熟的观点。

2025年初某日，我在南山图书馆看书时产生了写作《创新无限：深圳奇迹启示录》的想法。为了赶在深圳经济特区成立纪念日前后出版，留给我的写作时间也只有3个月左右。我一直冥思苦想于如何写这本书。大家现在看到的这本书由六个章节（包含一些图表数据和专栏文章）和一个附录（三篇文章）构成。我翻阅了以往一些有关深圳的著作，这些图书大多由人文学者所著，书中往往数据图表比较少。其实，城市的发展与国家、企业的发展一样，需要用数据说话。所以，在书中我引用了统计数据来诠释深圳的发展，并将深圳与北京、上海、广州这三个其他一线城市进行比较，从而来揭示深圳奇迹的密码。这样写的基本考虑是试图让书中内容更具有说服力和可读性。也许专栏和图表的安排在一定程度上会让《创新无限：深圳奇迹启示录》的结构不够规整和体系化，但我希望这个缺憾不至于给读者的阅读造成太大的影响。

深圳的历史不长，但今天的深圳人，特别是新深圳人对它的知晓或许并不充分，尤其是深圳早年间发生的故事。历史是连续的。认识现在的深圳，展望未来的深圳，都需要了解过去的深圳。写下《创新无限：深圳奇迹启示录》是想和读者分享关于深圳的往事，并运用经济学的原理，对其中若干问题进行学理分析和统计分析，以期增加读者对于深圳认知的广度和厚度。

我很喜欢深圳，它的环境和气候比上海好很多，生活很方便。年逾古稀还能完成一次迁移，而且是移居到一座自己喜欢的城市，乃一大幸事。尽管不知道还能在这里生活多久，但我仍然想为这座城市做点儿什么——写《创新无限：深圳奇迹启示录》就算其中一件。

陈宪

2025 年 3 月于深圳南山

CONTENTS
目录

推荐序　敢于引领时代
前　言

01 CHAPTER
第一章　体制：建立经济特区是关键一招　　1
第一节　遏制"逃港潮"终于有解　　2
第二节　成立经济特区的"序章"：深圳设市　　5
第三节　经济特区：从酝酿到实施　　7

02 CHAPTER
第二章　动力：市场经济带来根本改变　　11
第一节　一开始就植入市场经济的"基因"　　12
第二节　贸易和工业同时启动的"贸工技"路径　　15

| 第三节 | 从比较优势中"长出"竞争优势 | 23 |
| 第四节 | 生产要素的开发利用 | 25 |

03 第三章 生态：竞争优势的"底座" 51

第一节	发展高新技术产业是不二选择	53
第二节	创新和产业生态的基本架构	55
第三节	创新和产业生态的核心要素	59
第四节	深圳的创新和产业生态具有标杆性	90

04 第四章 创新：城市永动的不竭源泉 101

第一节	转型升级要从创新中寻求新动能	103
第二节	深圳正在发生融合创新的积极变化	105
第三节	深圳科技创新和产业创新融合的新路径	109
第四节	深圳成为大湾区创新融合的核心引擎	118

05 第五章 产业：从一张白纸到"20+8"产业集群 123

第一节	深圳产业发展的脉络	124
第二节	深圳产业发展的成就	143
第三节	深圳产业发展的优势和特征	161
第四节	深圳正在培育发展壮大"20+8"产业集群	180

| 第五节 | 深圳产业发展的"危"与"机" | 183 |

第六章　城市：从边陲小镇到一线城市　191

第一节	经济规模和城市化水平的跃迁	192
第二节	深圳城市空间及体制的"蝶变"	196
第三节	深圳城市建设的大事要事	225
第四节	深圳的城市文化	256

附录　272

如何系统地激发创新　273

我为什么认为"双创"如此重要？　284

企业家和企业家精神的若干视角　295

参考文献　310

后记　313

体制
第一章 建立经济特区是关键一招

20世纪70年代后期,深圳(当时的宝安县)发生了三件重要的事情。其一,有了解决"逃港潮"的新思路和新办法;其二,设立了省直辖的深圳市;其三,酝酿和实施试办经济特区。

第一节　遏制"逃港潮"终于有解

"中华人民共和国成立后,宝安农民非法偷渡潮时起时伏,1957年、1962年和1979年一度成风,影响全省,偷渡到香港的人数超10万,与留家劳动力大致相等。"[一]1974年到宝安县任职,后任县委书记的方苞先生在《深圳口述史·法治篇》中如是说。

1977年11月17日下午,复出不久的邓小平在广州南湖宾馆,听取广东省委负责人的工作汇报。这位省委领导向

[一] 深圳市政协文化文史委员会编:《深圳口述史·法治篇》,深圳出版社2023年版,第5页。

邓小平汇报了广东省正面临的难题：靠港澳边境地区偷渡问题严峻，边防部队防不胜防，尤其是在一个叫深圳的边陲小镇（当时为宝安县下辖镇，后深圳镇建制撤销，"深圳"一名由深圳市沿用），一拨又一拨的偷渡让地方领导和边防部队苦不堪言。邓小平打断汇报者的话，一字一句地说："这是我们的政策有问题。"这句话让与会者感到震惊——以前从来没有人这么说啊。邓小平又补充了一句："此事不是部队能够管得了的。"偷渡的根本原因是两地贫富差距太大，深圳镇有个罗芳村，香港新界也有个罗芳村，两村人均年收入竟有百倍之差。贫富差距当然不是部队管得了的。那么，问题又该怎么解决呢？邓小平留下这两句话，离开了广州。㊀

1978年12月18日至22日，中国共产党第十一届中央委员会第三次全体会议在北京举行。党的十一届三中全会做出了把全党工作的着重点和全国人民的注意力转移到社会主义现代化建设上来的战略决策，标志着中国从此进入了改革开放和社会主义现代化建设的历史新时期，中国共产党从此开始了建设中国特色社会主义的新探索。也就在这一年，我国高层领导密集地出访考察调研。74岁的邓小平也分4次出访了7个国家。不能不说，党的十一届三中全会做出的一

㊀ 谢国平：《中国传奇：从特区到自贸区》，上海人民出版社2019年版，第4页。

系列重大决策，与中央高层领导人视野开阔、思想解放有直接的关系。由此，中国站到了新的历史起点和新的时代方位上。

1979年1月1日，《人民日报》发表元旦社论《把主要精力集中到生产建设上来》。社论强调："把全党的工作重点转移到社会主义现代化建设上来，是一个伟大的战略转变。全体干部、全体党员和全国人民要动员起来，跟上客观形势的发展。"社论指出："为了加快现代化的步伐，就要大力采用先进技术""不管是哪国的好经验，我们都要把它学过来""要从小生产式的甚至封建衙门式的落后的管理方法，转到符合现代化大生产要求的科学管理的轨道上来""要把企业经营的好坏同工人、技术人员、干部的切身利益联系起来，使劳动者从物质利益上关心个人和集体的劳动成果。"技术、管理和劳动者物质利益，这些事关经济发展的重大课题都摆在了全党和全国人民面前。

大背景的深刻变化，既凸显了解决"逃港潮"的迫切性，又使破解难题有了新的思路。与"以经济建设为中心"紧密联系的发展思路就是对内改革、对外开放。这是因为，20世纪70年代末及后来的一个时期，中国还是计划经济体制，不改革，何以"以经济建设为中心"？那个时期，最缺的要素就是资金和技术，不通过对外开放的途径，有再大的本事也弄不到短缺的要素。这个思路用到解决偷渡问题，就是利用港澳资源,开发建设新的空间,以空间换时间,以更快的发展来解决难题。这是解决问题的唯一答案。早在1977年5月,新华社记者何云华就写了一篇题为《拨乱反正,加速宝安边境建设》的文章,文中提出:"建议中央把宝安县和邻近港澳的地方,单独划为一个行政建制,由广东省委设立一个专门机构,进行直接领导和统一管理。"㊀可见,这个思路已经"发酵"了很长一段时间。

第二节　成立经济特区的"序章":深圳设市

1979年3月5日,国务院(国发[1979]63号文)批复:"将宝安县改设为深圳市,以宝安县的行政区域为深圳市的行政区域,市革命委员会驻深圳。"这里的革命委员会即人民政府;这里的深圳即当时的深圳镇。作为城市的深圳,就始于这一天。深圳市委第一次常委会就市名问题展开讨论:叫宝安市好还是叫深圳市好?时任市委书记张勋甫认为,深圳比宝安在国际上知名度高,不知道宝安的也知道有深圳;另外,知道深圳的外国人都明白这个地方离香港很近,就在罗湖口岸一带;同时,深圳有深水的意思,特别是广东、香港同胞通常认为水是好"意头",是发大财的地方。

㊀ 谢国平:《中国传奇:从特区到自贸区》,上海人民出版社2019年版,第28页。

会议最终决定用"深圳"作为新市的名字，上报省和中央，经国务院批准后正式公布。[一]

1979年初，宝安县改为深圳市，彼时的深圳市是县级市。同年11月即升格为省直属的地级市，下辖罗湖区、宝安县和沙头角镇（县级），全市总面积为2020.5平方千米。人们看到这个数据可能会有点儿诧异，因为，深圳设市以来，经过多年的填海造地，前海、后海和深圳湾等地新增了不少土地，可是，现在的总面积反而略有减少，为1997.47平方千米。我们看到的解释是，填海造地面积在地理上并没有显著增加深圳市的总体轮廓面积，而是在原有海岸线的基础上向外扩展，形成新的陆地。因此，从地理学的角度看，深圳的总体面积并没有因为填海造地而增加，反而由于填海造地的具体位置和方式，使得在地图上显示的深圳的面积数值有所变化。

经过短暂的县级市建制，深圳当年即被设为地级市。1988年，国务院批复同意深圳市在国家计划中实行单列，并赋予其相当于省一级的经济管理权限，即人们习惯中所说的，深圳成为"副省级计划单列市"。在中国的国家体制中，城市的行政建制对于其发展有着特殊的重要意义，这是一个内涵丰富的充分条件。这一行政建制决定其管辖的行政区

[一] 张新奇：《奇迹之城：深圳备忘书》，深圳出版社2024年版，第42页。

划,更重要的是管理和治理权限。2018年,全球权威的世界城市研究机构(GaWC)发布了当年世界级城市名册,深圳首次入选Alpha-级别,即世界一线城市,位列全球第55位。在2024年的排位中,深圳位列第30位。根据目前深圳的发展势头,可以预计,其排名还将继续以较快的速度前移。

第三节 经济特区:从酝酿到实施

现在,深圳经济特区的诞生日定在1980年8月26日,这是因为在这一天,第五届全国人大常委会第十五次会议通过《广东省经济特区条例》。其实,试办特区是在1979年4月中共中央工作会议期间定下来的。1978年12月,中央召开了具有深远意义的十一届三中全会。这次会议之前,中央在北京召开中央工作会议,时任广东省委第一书记的习仲勋做了题为《广东的建设如何大干快上》的工作汇报。他强烈要求中央给予广东省特殊政策,在临近港澳的沿海地区划出专门区域,对外交流合作和吸引外资。在习仲勋向邓小平做专题汇报时,邓小平肯定了广东省委的这个要求,并说:"中央没有钱,可以给些政策,你们自己去搞。"曾经指挥千军万马的邓小平还说出了一句惊心动魄的话:"杀出一条血路来!"这句后来流传很广的话,既表达了中央支持广东省带头改革开放的决心,也充分体现了邓小平推进中国改革开放的坚定信念。至于这个区域叫什么名称,邓小平说,"还是叫特区好"。㊀

在当时的情况下,办特区,必然触动以往僵化的思想及有些人的既得利益。从中央到地方,疑虑不少,阻力重重。1979 年 9 月 20 日,时任国务院副总理谷牧受中央委托,到广东省落实先行一步工作。谷牧说:"办特区,就看你们广东的了,你们要有点孙悟空大闹天宫的精神,受条条框框束缚不行。"习仲勋当场说:"南生,你去当中国的孙悟空吧!"最后时任广东省委书记吴南生负责广东省三个经济特区(深圳、珠海和汕头)的规划和筹建工作。1980 至 1981 年,吴南生兼任深圳市委第一书记。吴南生曾经说过的一段话,对特区性质的认知可谓一针见血。他说:"别人明不明白我不知道,我自己心里明白,办特区就是要改掉那种苏联模式、自以为是的社会主义,不要自以为是的计划经济,走市场经济的道路。"在当时,这些超前的认知不能说,只能做。㊁

在此之前,广东省、福建省已先后提出在临近港澳的沿海地区划出某个区域,专门对外交流合作和吸引境外资本。这些区域的名称有出口特区、贸易合作区和出口加工区等。

㊀ 谢国平:《中国传奇:从特区到自贸区》,上海人民出版社 2019 年版,第 76-77 页。
㊁ 张新奇:《奇迹之城:深圳备忘书》,深圳出版社 2024 年版,第 58-59 页。

1979年12月12日，吴南生在向中央汇报工作时，第一次明确提出使用"经济特区"名称的建议。此后还有关于特区名称的争论，但是，中央最终确定使用"经济特区"这个内涵更广的名称。①

尽管我们所说的经济特区内涵更加广义，但就当时的现实可能性而言，其空间结构都不是与一座城市重合的，而是指在这座城市划出一块土地，主要用于吸引境外资本建厂，加快加大产品出口，赚取更多的外汇。由于引进这个空间的原材料、机器设备、交通工具和生活用品等都是免税的，势必要将其用高墙或铁丝网与外地分开，以免发生走私等非法活动。因此，初期的特区在形式上与海外的出口加工区相似，它与城市之间是有物理隔离的。1980年，深圳经济特区的面积为327.5平方千米，约占深圳市总面积的16.21%，其界线分为"一线"与"二线"。"一线"是深圳与香港接壤的7.5千米的边界线。"二线"是深圳经济特区与内地分界的84.6千米的边界线，东起深圳盐田区梅沙背仔角，西至宝安区南头安乐。这条线被称为"特区管理线"或"二线关"，用高达近3米的铁丝网隔离，将深圳分为特区内和特区外，俗称"关内"和"关外"。

---

① 张新奇：《奇迹之城：深圳备忘书》，深圳出版社2024年版，第90页。

"逃港潮"将20世纪70年代后期的深圳推向了风口浪尖;"以经济建设为中心"和改革开放使解决这个难题有了新的可能和办法;对面的国际化大都市香港,为深圳乃至珠三角提供了不可多得的区位条件。这些因素的"化学反应",将这块2020.5平方千米的土地变为一方热土,一座不可限量的城市。

02 第二章 动力
市场经济带来根本改变

CHAPTER

过了 45 年看深圳经济，不难发现，深圳不同于中国其他城市的基本特点是，它更加市场化，市场在资源配置中起决定性作用的程度高于其他城市，政府也在其中发挥了恰到好处的作用。从 1980 年到 2025 年，深圳这 45 年来发展的本质是，用市场经济的逻辑来建设社会主义城市。其实最初那些年深圳的"野蛮生长"[一]也可以用这一点来解释。

第一节　一开始就植入市场经济的"基因"

邓小平将办特区形容为"杀出一条血路来"。这条"血路"从哪里来，通向哪里？现在，我们看得很清楚，是从计划经济体制通向社会主义市场经济体制。在那个时候，邓小平一方面在部署和安排特区建设，另一方面在思考更深刻的

[一] 这里的"野蛮生长"即要素驱动的意思。作者经常看到有人用这个词来描述深圳早年的发展，意思大概是能做什么就做什么，"拾进篮子里就是菜"，觉得比较形象，也就"笑纳"了。其实，在"野蛮生长"中获利，也要按照市场规律办事。

制度、体制和道路问题。因为只有解决了这些指导思想和战略构想，我们才可能持续地获得发展的动力。至于这个动力来自劳动、资本和土地等传统要素，还是来自人力资本、技术和企业家精神等创新要素，这更多取决于发展阶段。也就是说，要让各种要素自由流动和自主配置，充分发挥自身作用，创造属于它们自己的价值，只有在市场经济体制下才是可能的。在这一点上，讨论要素驱动和创新驱动是一样的，都有一个前置的条件，那就是市场经济或市场化的体制问题。

1979年11月26日，邓小平会见美国和加拿大的客人，加拿大麦吉尔大学东亚研究所林达光教授提出"扩大非资本主义的市场经济作用"的问题时，邓小平说出了一段石破天惊的话："说市场经济只存在于资本主义社会，只有资本主义的市场经济，这肯定是不正确的。社会主义为什么不可以搞市场经济，这个不能说是资本主义。我们是计划经济为主，也结合市场经济，但这是社会主义的市场经济。市场经济不能说只是资本主义的。市场经济，在封建社会时期就有了萌芽。社会主义也可以搞市场经济。"㊀尽管邓小平关于社会主义市场经济的构想直到1992年才被写入党的正式文件中，但这个构想在深圳建立特区之初，就被植入它的体制之中。这是深圳之所以仅用45年就发展到如此规模和水平的重要原因之一。

㊀ 邓小平：《社会主义也可以搞市场经济》，《邓小平文选（第二卷）》，人民出版社1994年版。

长期在深圳担任要职的研究型官员乐正先生,对深圳挑战计划经济体制,建立市场经济体制的改革创新做过一个概括:"一是培育与建立现代要素市场体系,使深圳成为中国内地要素市场相对齐备和最为活跃的城市;二是学习香港特别行政区、新加坡等世界先进城市的经验,转变政府职能,重塑政府与市场关系,营造了较好的法治化市场环境,优良的市场营商环境是这座城市的核心竞争力;三是培育市场主体,深圳市民创业比例全国第一,深圳成为中国现代企业的摇篮,深圳优秀民营企业的创新能力已居世界前列。"㊀对于如此宏大的问题,乐正先生的精辟阐述直抵要害。

先后担任深圳市人大常务委员会副主任和深圳市副市长的唐杰先生,在《深圳口述史(下卷)》编写组采访他时说:"我来深圳二十多年,在政府部门工作了十七年,最深的感受是,完善的市场经济体制一定是法治而不能是人治。深圳能够持续快速地转型,确实是具有与其他城市不同的气质——坚持市场化、法治化,充分地发挥市场经济在资源配置中的决定作用,致力于建设法治化的市场经济机制,推动和引导产业健康地创新发展。"㊁经济学科班出身的唐杰教授,对市场经济法治化的深刻认识,是从实际经历和经验教训中总结出来的。

㊀ 老亨:《深圳传》,中国致公出版社2021年版,第5页。
㊁ 戴北方等:《深圳口述史(下卷)》,海天出版社2017年版,第25页。

第二节 贸易和工业同时启动的"贸工技"路径

观察和研究城市发展动力转换的节点,可以据此划分城市的发展阶段。也就是说,动力转换的节点是划分城市发展阶段的标志。由于复杂原因的综合作用,城市在不同的历史时期,其发展动力会有较大程度的差异。

从20世纪80年代初到21世纪初,深圳开始发展的20年是"野蛮生长"的20年,是要素驱动的20年。

这个阶段的深圳,其经济成长样式与东亚早期经济起飞阶段的"贸易—工业—技术"(简称"贸工技")的路径相似。不过,深圳即便是经济特区,它的发展仍然有着深刻的中国背景。在改革开放初期,民间鲜有市场主体,政府要做培育市场主体的工作。"贸工技"有两条并行的形成路径。

1. 第一条路径

第一条路径是政府致力于开发工业区,做"三来一补",加工制造和加工贸易同步发展。

在建立特区的初期,深圳的地方政府和国有企业努力建设工业区,最开始是要在工业区引进稀缺的资本要素、技术要素和人才要素。从蛇口工业区(见专栏2-1)到上步工业区、八卦岭工业区(见专栏2-2),再到莲花工业区等,吸引境外资本和内资到深圳办工业,形成一道亮丽的"风景线"。这里的工业,主要是为"三来一补"服务的加工制造业(见专栏2-3)。

◎ 专栏 2-1

蛇口工业区

蛇口工业区是中国第一个工业区。在深圳的发展史上，蛇口工业区地位特殊，其意义和价值极其重要。

1979年元旦刚过，一纸提议在深圳蛇口开办工业区的报告，就送到时任中共中央委员会副主席、主管经济工作的国务院副总理李先念的手中。报告的创意者袁庚，时任香港招商局常务副董事长，主持全面工作。

开办工业区早有先例。早在20世纪70年代，周恩来总理就注意到了中国台湾地区设立出口加工区、引进外资的做法，但在那个时候，这个设想不可能实现。

袁庚带着一张地图来见李先念，说："我们想请中央大力支持，在宝安县的蛇口划出一块地段，作为招商局工业区用地。"李先念看着这幅香港地图，拿起黑色铅笔在地图上南头半岛的根部用力画了两根线条，并在地图上宝安县南头半岛一带，再用红色铅笔重重地画了一个圆弧，笑着说："给你一块地也可以，就给你这个半岛吧。"袁庚没敢要李先念给他的半个岛，仅要了南头半岛的一角，2.14平方千米的"弹丸之地"。袁庚的谨慎有他的考虑，也是那一代人的行事风格。

"1979年7月12日，深圳湾的蛇口炮声隆隆，大地晃动，香港招商局在蛇口工业区炸山填海，打通五湾、六湾间通道，此举被媒体称为中国经济特区第一声'开山炮'，更有人称之为中国改革开放的第一声'开山炮'。"在荒坡先行开发的一平方千米的工业区，兴办了23家工厂，开通了国际微波和直通香港的货运码头。其后，又吸引境外资本兴办企业，在较短的时间内建成了初具规模的现代化工业小城。

1984年1月，邓小平在深圳考察期间来到了蛇口工业区。袁庚在向邓小平汇报时说，"我们有个口号，叫'时间就是金钱，效率就是生命'"，得到了邓小平的肯定。这句口号成为20世纪80年代全国最具影响力的口号之一。后来，蛇口人又竖立另一块标语牌——"空谈误国，实干兴邦"。两句口号，一段历史，永远被人们铭记。在20世纪80年代，蛇口工业区被誉为改革开放的"试验场"，在干部人事制度改革等方面，蛇口进行了积极的尝试。

也就在这次考察期间，邓小平为深圳题词："深圳的发展和经验证明，我们建立经济特区的政策是正确的。"

资料来源：谢国平. 中国传奇：从特区到自贸区[M]. 上海：上海人民出版社，2019.

◎ 专栏2-2

八卦岭工业区

深圳经济特区成立之初，一无资金，二无人才。就在这个时候，深圳市委、市政府的领导们将目光投向创办工业区。筑巢引凤、招商引资是开发建设工业区的基本目标。

1982年2月，深圳市委、市政府发文成立"深圳市工业发展服务公司"（简称"工发公司"）和"深圳市八卦岭工业区基建工程指挥部"（简称"八卦岭指挥部"）。工发公司的主要任务是开发、建设和服务工业区，加快引进境外资本办企业。第一期开发上步工业区0.28平方千米，第二期开发八卦岭工业区1.08平方千米，后续开发莲塘工业区等多个工业区。这批在荒山野岭中打造出来的工业区，对深圳经济特区的早期发展产生了重要影响。

八卦岭指挥部总指挥尚志安，当时在广州已有稳定的工作和生活，但被特区建设所吸引，仅凭借来的1万元开办费，带领七个拓荒者住竹棚、吃泡面，创造了中国经济特区开发工业区、促进改革开放、高速发展经济的第一个神话，为深圳乃至全国的工业区开发建设，发挥了试验区和窗口的辐射作用。在八卦岭这片热土上，也走出了创维、平安等一批国际知名企业。

八卦岭工业区在招商引资过程中，高度重视把握特区开放型企业发展方向，把重心放在发展外向型企业上。八卦岭工业区积极利用深圳毗邻香港的区位优势，密切关注国际市场的变化和技术进步，很快吸引了一批来自香港等地的著名企业和当时国内十分紧缺的工程机械、液晶显示器生产线等项目。说起深圳经济特区，当年最有影响力的一句话流传国内外："三天一层楼"，这句话后来成为"深圳速度"的具体演绎。但不少人可能不知道,深圳还有一句来自当时八卦岭工业区招商引资的话:"三天办一个企业"。

工业区对于深圳发展的意义和价值,除了吸引境外资本、发展工业、扩大出口和赚取外汇外,对于增加就业和收入,积累资金和资本,提高技术和管理水平,也都起到了十分重要的作用。

今天,人们已经看不见当年八卦岭工业区的踪影。它从纯粹的工业区转型发展,成为多产业、多业态集聚的产业园区。这个更新升级、华丽转身的过程,正是深圳经济特区改革、开放和发展的一个精彩缩影。

资料来源:何良. 八卦岭:追梦驿站[M]. 深圳:深圳报业集团出版社,2023.

◎ 专栏2-3

"三来一补"为深圳带来"第一桶金"

"三来一补"是改革开放初期创立的一种企业贸易形式,即"来料加工""来样加工""来件装配"与"补偿贸易",是由外商提供设备、原材料、来样等,由中方提供工地、厂房、劳动力,按照外商要求组织生产、加工装配,全部产品外销,中方收取加工费的一种贸易方式。同时,"三来一补"的形式下也发展了深圳最早的加工制造业。

宝安县(深圳市前身)的"三来一补"贸易起步于1978

年。1978年7月,国务院颁布《开展对外加工装配业务试行办法》,允许采取先办厂、后承接外商加工装配业务的"来料加工"方式,试行"三来一补"。根据国务院的指示,1978年10月,广东省外贸局发布通知,同意宝安、珠海、东莞等县、市的外贸单位,依托地缘优势和生产基础,会同当地计划和工业部门,直接办理对港澳地区的加工装配业务。党的十一届三中全会召开后,中央赋予广东省"特殊政策、灵活措施",彼时的宝安县充分发挥毗邻港澳、华侨众多、交通便利的优势,积极发展"三来一补"贸易,对后来深圳经济的起步和跨越式发展发挥了巨大的推动作用。

1979年9月,国务院颁布《开展对外加工装配和中小型补偿贸易办法》,进一步规范来料加工贸易方式,"三来一补"业务在国家层面上的合法性得到进一步确认。此后,深圳引进"三来一补"企业的步伐大大加快。

资料显示,1993~1994年,"三来一补"贸易在深圳的发展到达顶峰阶段,1994年,深圳"三来一补"企业数量约占全省的1/3,累计实际利用境外资本约占全省的48%,出口总额、就业人数、工缴费结汇均占全省的40%左右。这充分说明,在特区经济发展初期,"三来一补"贸易为深圳带来了"第一桶金",是深圳外向型经济的重要支柱,也表明了深圳在全省外向型经济中的重要地位。

资料来源:作者根据深圳市档案馆相关资料整理。

2. 第二条路径

在政府和国有企业推动工业区建设，利用境外资本发展加工贸易的同时，深圳民间还有第二条路径，即通过贸易代理，完成原始积累或在完成原始积累的过程中，走向加工制造业，积聚实力后，再投入技术研发的"贸工技"路径。

这条路径的典型代表就是任正非和华为。华为的创业历程可以追溯到1987年。当年，任正非在深圳南油集团做贸易时受骗。也就在这一年年初，深圳市人民政府发布18号文件《关于鼓励科技人员兴办民间科技企业的暂行规定》。此后提及华为的创业史，任正非感叹道："如果没有18号文件，我们就不会创办华为。"㊀在创业初期，华为主要从事贸易代理业务，特别是电子元器件和用户交换机的代理业务。在这个过程中，华为发现内地对用户交换机有巨大的需求，从而开始专注于这一领域。同时，通过贸易代理业务，华为积累了资金和经验，逐渐转向自主研发，开发出自己的交换机产品，并在通信设备市场上取得成功。这一转变标志着华为从贸易代理、加工制造到技术创新的转型。

做贸易代理，在当时的深圳是一种因地制宜的创业形式。它在助力创业者完成原始积累的同时，孕育了深圳的企

㊀ 陈启文：《为什么是深圳：长篇报告文学》，海天出版社2020年版，第179页。

业家和企业家精神。1987年18号文件发布后，深圳出现创办民营企业，尤其是民营科技企业的热潮。在深圳市场化的发展环境中，形成了企业自主经营、自主投资和自主创新的发展传统，华为等一批科技型头部企业就是在这样的环境和生态中成长起来的。做贸易代理这类"草根创业"，在其他地方更多的是自生自灭，难有做强做大的可能，但在深圳这片神奇的土地上，就出现了华为这样的传奇。这个传奇是深圳特有的创新和产业生态带来的结果。

简言之，因为地理位置毗邻香港，早期移民深圳的创业者利用香港自由港政策（其中之一，凡进出口商品，除少数品类，均不收关税）做贸易代理，赚取佣金，做大的创业者赚到了"第一桶金"，其中的成功者投身工业，做加工制造。要在制造业做大做强，技术研发是题中应有之义。"贸工技"逻辑的以下三个阶段大致就是这样形成的。

（1）贸易阶段。在改革开放初期，深圳经济特区通过建设工业区，利用优惠政策吸引了大量外商投资，形成了以"三来一补"为代表的加工贸易模式。这一阶段，深圳主要依赖劳动力成本优势，从事低附加值的加工装配劳作，产品以出口为主。

（2）工业阶段。随着经济的不断发展，深圳开始从粗放的加工贸易向工业化转型，重点发展劳动密集型产业，如电子、纺织、机械产业等，初步形成了外向型的工业发展格局。在这一阶段,深圳的制造业体系逐步构建,工业生产能力有了较大提升。

(3)技术阶段。进入20世纪90年代后期,深圳注重技术创新和产业升级。通过引进国外先进技术,进行消化吸收和再创新,深圳的工业技术水平不断提升。同时,深圳还积极培育本土高新技术企业,推动产业向高端化、信息化、智能化方向发展。这一阶段,深圳的技术研发能力得到增强,产业创新开始成为推动经济发展的重要动力。

客观地说,深圳经济特区最初20年的经济发展确实遵循了贸易—工业—技术路径:通过加工贸易积累了资本和技术基础,随后逐步向工业化转型,最后通过技术创新和产业升级实现了经济的持续快速发展。然而,这一过程并非线性发展,而是充满了曲折和变化,不断经历转型和升级。深圳在经济发展过程中努力适应外部环境的变化,调整发展战略和政策措施,才取得了今天的成就。在理解和评价深圳的经济发展模式时,需要全面考虑多种因素的综合作用。

第三节 从比较优势中"长出"竞争优势

"贸工技"路径的经济学解释,主要是比较优势理论。比较优势是指一个国家(城市)或生产者在生产某种商品时,其要素的机会成本[一]低于其他国家或生产者,则这个国家(城市)在生产该种商品上拥有比较优势。

按照比较优势原则进行国际分工和贸易,其利益在于节约社会劳动和增加使用价值的数量。深圳当时的比较优势和国内其他城市大致是一样的,劳动和土地相对丰裕,资本、技术和管理相对稀缺。深圳大力开发建设工业区,主要是为了通过吸引境外直接投资,增加资本要素,同时增加技术和管理要素。

一个国家或一座城市在发展初期,往往都是利用比较优势,或者说,是比较优势在起主导作用。发展到一定阶段,大致的标准是达到先发(发达)国家的最低发展水平,在比较优势仍然在起作用的同时,自身的竞争优势就将凸显其重要性,决定着国家或城市的竞争力和可持续发展。就像深圳,早年充分利用比较优势,发展"三来一补"贸易;到了2000年以后,形成以高科技产业为主体,以产业创新为基准的竞争优势,就是深圳成为一线城市和创新之城的制胜之道。

还需要指出,区位也是深圳的一个比较优势。当其他要素都不如其他城市时,深圳的区位比它们好。这就是深圳当年在经济特区和沿海开放城市中的实际情形。因为毗邻香港,不仅在深圳建立经济特区的初期,而且在后续时期,香港都为深圳提供了很多机会和资源。这是其他经济特区和沿

[一] 机会成本是指为了得到某种东西而放弃的另一些东西的最高价值。它反映了在面临多方案择一决策时,被舍弃的选项中的最高价值。

海开放城市所不曾享有的优势。充分利用这一优势,并通过全面深化改革开放,加强基础设施建设等有力措施,深圳获得了超常规的增长和发展。

第四节 生产要素的开发利用

经济活动的产出是生产要素投入的直接结果。生产要素投入又受惠于或受制于地域的各种条件。深圳初始条件的特殊性在于,特区体制和特区吸引的移民,以及区位和区位决定的亚文化即广府文化。[一]对深圳经济活动的解释是不能离开这些必要条件和充分条件的。

在1980～2025年这45年里,深圳开发利用生产要素有着自身的特殊性。劳动要素主要来自移民,在移民中有比重较高的人力资本(人才);资本要素主要来自境外资本,而且,大部分来自香港;境外资本带来了一部分技术和管理要素;移民中产生了创业者和企业家。

初期,这些要素有两个组合。一是在"三来一补"加工制造工厂中,境外资本和劳动、土地结合,加工制造和加工贸易紧密结合;二是在贸易代理的公司中,创业者、劳动和资本结合,部分贸易代理商从贸易走向制造。

[一] 陈宪主编:《深圳行业发展报告2023》第一章,上海交通大学出版社2024年版。

后期，这两个组合都经历了颠覆性重组，开始了技术研发。这就是前面所说的"贸工技"路径，有着深圳特点的"贸工技"路径。

一、人口、劳动人口和人才

1980年末，深圳的常住人口为33.29万人。2024年末，深圳的常住人口达到了1798.95万人，比上年增加了19.94万人。45年来，深圳保持较大规模的人口增长和较高的就业（劳动）人口增速（见表2-1、图2-1、图2-2）。2025年，深圳总人口在重庆、上海、北京、成都和广州之后，位列全国城市第六。2023年末，在四个一线城市中，深圳的人口规模位列第四（见表2-2、图2-3）。

表2-1 各年份深圳常住人口数量及复合增长率

年份	常住人口数量（万人）	复合增长率（%）	复合增长率区间（年）
1980年	33.29		
1985年	88.15	21.50	1980～1985
1990年	167.78	13.74	1985～1990
1995年	449.15	21.77	1990～1995
2000年	701.24	9.32	1995～2000
2005年	827.75	3.37	2000～2005
2010年	1037.2	4.61	2005～2010
2015年	1408.05	6.30	2010～2015
2020年	1763.38	4.60	2015～2020
2024年	1798.95	0.50	2020～2024

资料来源：作者根据深圳统计年鉴和相关年份统计公报资料整理。

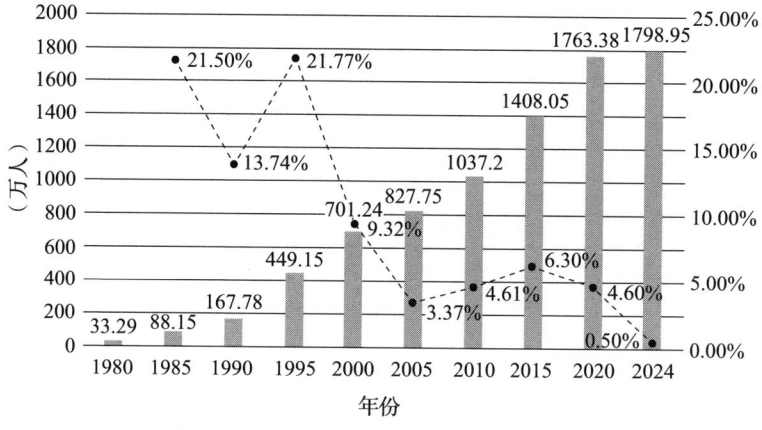

图 2-1　各年份深圳常住人口数量及复合增长率

资料来源：作者根据深圳市统计局网站相关资料整理。

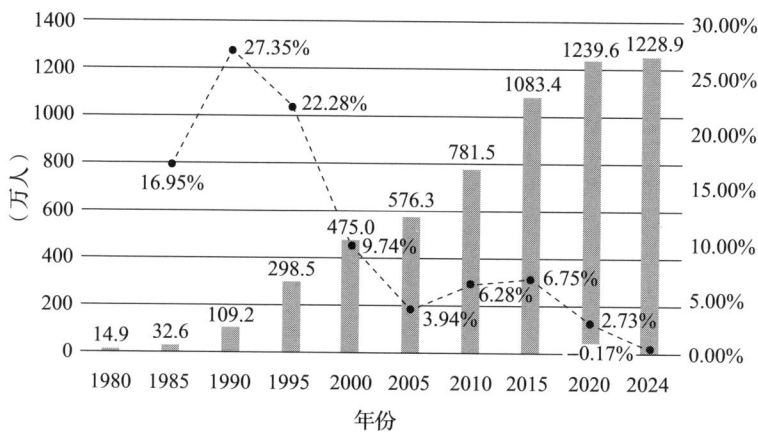

图 2-2　各年份深圳就业人口数量及复合增长率

资料来源：作者根据深圳市统计局网站相关资料整理。

第二章　动力：市场经济带来根本改变

表 2-2 2023 年四个一线城市常住人口数量、
就业人口数量和劳动力参与率

城市	常住人口（万人）	就业人口（万人）	劳动力参与率（%）
北京	2185.8	1129.0	51.65
上海	2487.5	1142.9	45.95
广州	1882.7	1138.8	60.49
深圳	1779.0	1228.9	69.08

注：劳动力参与率＝就业人口/常住人口。
资料来源：作者根据各城市统计局网站相关资料整理。

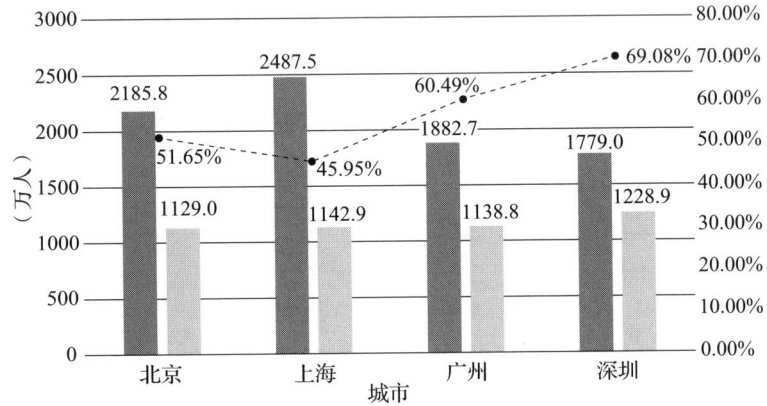

图 2-3 2023 年四个一线城市常住人口数量、就业人口数量和劳动参与率
资料来源：作者根据各城市统计局网站相关资料整理。

"但连国家级媒体新华社，都认为深圳的居民总数已达2000万。新华社依据的不是派出所的登记数量，而是手机。2017年，中国移动就宣布，深圳居住着2180万人，他们每月有超过23天，每天有超过10小时的时间在深圳生活。不仅如此，如果看一看城市垃圾，人们也会得出相似的结论：有着超过2000万常住人口的北京每天产生2.6万吨生活垃圾，深圳则是 2.8 万吨。这就意味着，把深圳描述为一个 2000 万人口的大都市，应当是八九不离十了。"①

深圳人口结构主要有以下两个显著特点：

其一，就业（劳动）人口占比高，即劳动力参与率高。在四个一线城市中，深圳的总人口位列第四，但劳动人口总量位列第一，劳动人口占总人口比例（劳动力参与率）也位列第一。由此说明，深圳劳动力资源的可获得性比较强（见表2-2、图2-3）。

其二，人口平均年龄低，即人口结构年轻化（见图2-4、图2-5）。与之对应的是老龄化程度低（见图2-6、图2-7）。这说明，深圳有着较强的城市活力和动力。

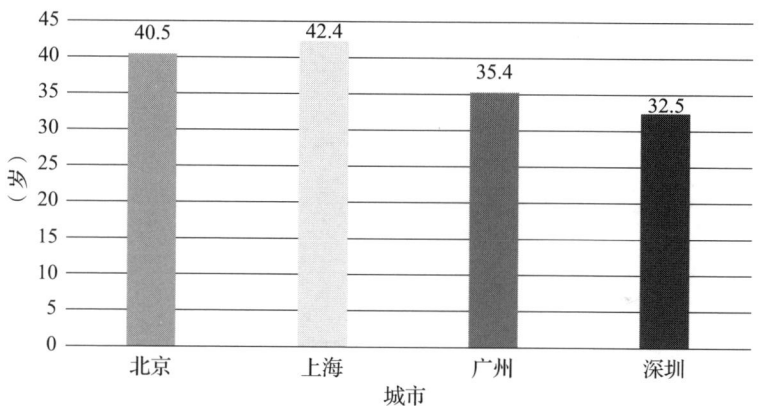

图 2-4　2020 年四个一线城市常住人口平均年龄

资料来源：作者根据各城市 2020 年人口普查年鉴相关数据整理。

① 弗兰克·泽林：《深圳：中国式未来》，毛明超译，中译出版社 2023 年版，第 8 页。

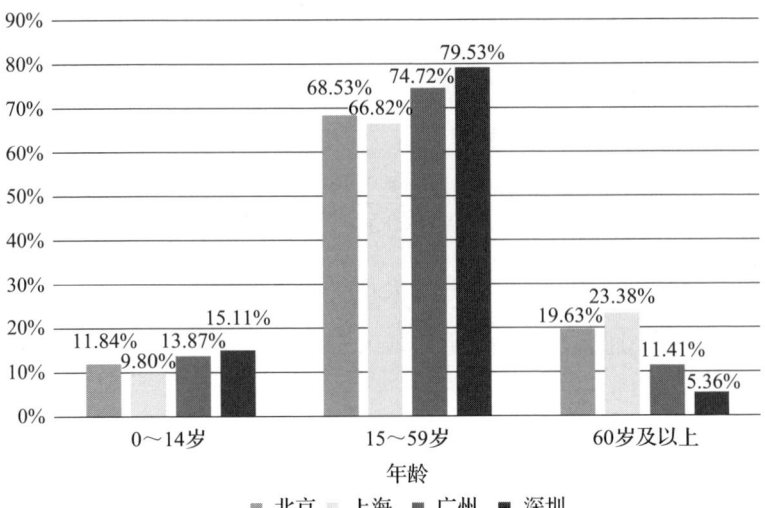

图 2-5　2020 年四个一线城市常住人口年龄分布

资料来源：作者根据各城市 2020 年人口普查年鉴相关数据整理。

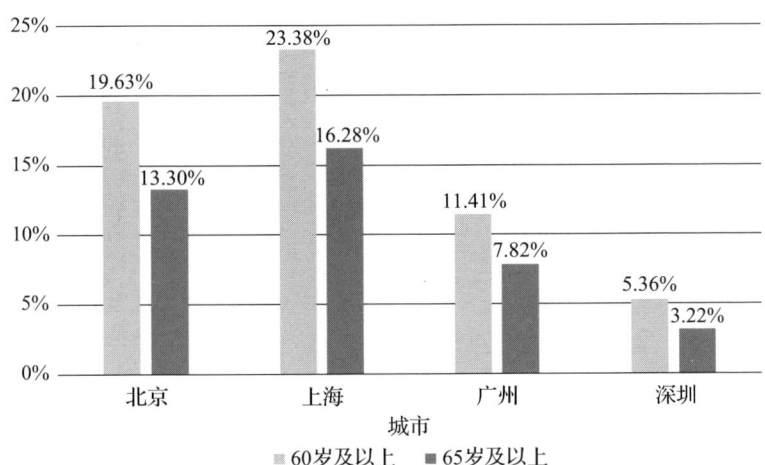

图 2-6　2020 年四大一线城市常住人口老龄化程度

资料来源：作者根据各城市 2020 年人口普查年鉴相关数据整理。

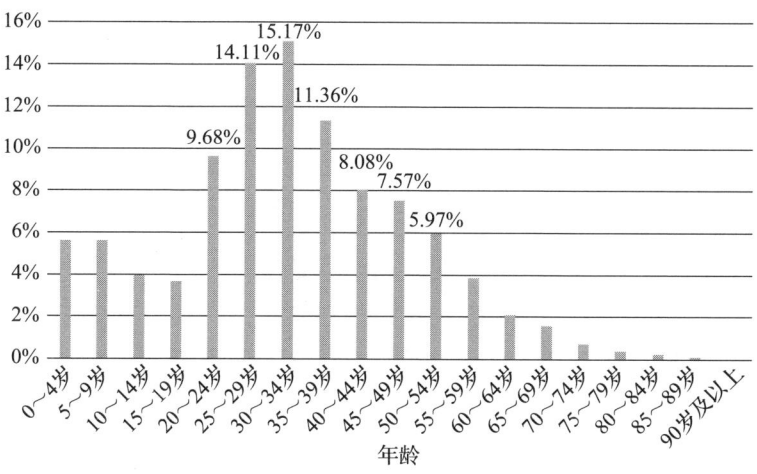

图 2-7 2020 年深圳常住人口年龄分布

资料来源:《深圳市人口普查年鉴 2020》。

深圳建立经济特区后,吸引了大量的打工者和移民,再加上本地农村转移劳动力,和全国的情况大致一样,劳动要素是丰裕的。数据表明,深圳的劳动要素主要来自人口的机械增长,也就是来自移民。改革开放之初,深圳没有大学。尽管1984 年深圳就创办了深圳大学,但是,当时本地的人才存量甚少是不争的事实。根据人口平均受教育年限的变动情况,深圳的移民中人才(人力资本)的比重较高(见表 2-3、图 2-8)。这就为深圳发展各项事业提供了质量较高的人力资源。

表 2-3 深圳每 10 万人中拥有大学文化程度的人口数及复合增长率

年份	人数(人)	复合增长率(%)	复合增长率区间(年)
1982 年	762	—	—
1990 年	4466	24.74	1982~1990

(续)

年份	人数（人）	复合增长率（%）	复合增长率区间（年）
1995 年	7046	9.55	1990～1995
2000 年	8060	2.73	1995～2000
2005 年	12 700	9.52	2000～2005
2010 年	17 545	6.68	2005～2010
2015 年	22 668	5.26	2010～2015
2020 年	28 849	4.94	2015～2020

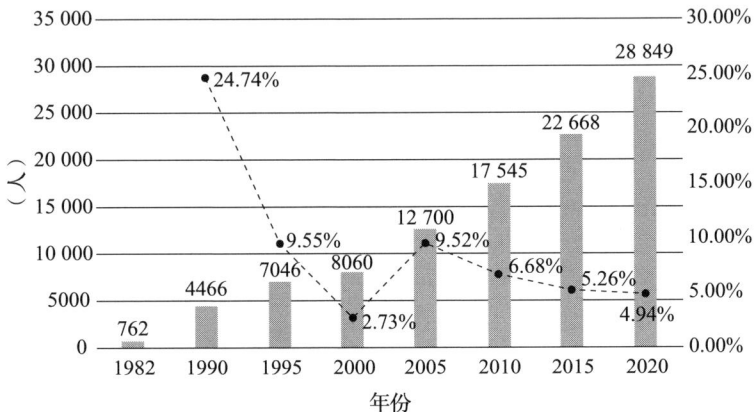

图 2-8　深圳每 10 万人中拥有大学文化程度的人口数及复合增长率

资料来源：作者根据深圳统计年鉴、深圳人口抽样调查公报、深圳人口普查公报等相关数据整理。

根据诺贝尔经济学奖得主西奥多·舒尔茨的人力资本理论，迁移本身是一种投资行为，有助于提高个体的人力资本水平。在迁移过程中，个体通过学习新技能、适应新环境等方式，不断提升自身的能力和知识水平，从而增加其人力资本价值。同时，通过在不同环境中工作和学习，个体可以积累丰富的经验和见识，这些经验和见识在未来的职业生涯中具有重要价值。迁移过程中建立的新关系网络可以为个体提供更多的机会和资源，有助于其职业发展和个人成长。长期以来，由于数据可获得等因素的影响，在人力资本理论的研究中，迁移的价值有被忽视、被低估的倾向。

市场经济的要义之一，就是要素自由流动。一个开放的劳动力市场将增加人力资本价值并减少社会不平等。经济特区的市场经济体制为劳动力和人才的流动带来便利，也就带来其价值提升的机会和空间。人口迁移对社会经济发展同样有重要影响。迁移促进了资源的重新分配和优化配置，有助于提高整个社会的生产效率和创新能力。

在劳动力和人才迁移过程中，除了主动上门求职，招聘也是一个重要环节；人才在使用过程中受到的激励和得到的学习培训，决定了人才发挥作用的效果。早年，蛇口工业区就开始了这方面的尝试，积累了此后在全国有推广价值的经验（见专栏2-4）。

◎ 专栏2-4

人才聘用引发一系列相关制度改革

1981年，开办之初的蛇口工业区，人才奇缺。工业区管委会人事部门委托交通部属下一研究机构在武汉招聘人才。时年42岁的长江航运科研所工程师王潮梁成绩优良，被录取了,但原单位不肯放人。蛇口工业区一位负责招聘的同志给王潮梁写了一封信,告诉他,袁庚的态度是:"那里不肯调,就辞职。我这里收,最多就是人家去告状",袁庚还向他透了一个底:原单位最多只能扣住档案,大不了不要档案,到蛇口再重建一份。重建档案,在一个时期成为人才流动中一个不得已的操作方法。

王潮梁没有按照嘱咐烧毁来信,而是珍藏起来。后来此信被深圳博物馆收藏。王潮梁被媒体评为改革开放后中国通过公开人才招聘录用的第一人。有意思的是,1984年7月,国内各大报纸刊发新华社一篇报道《蛇口观念》,文章写道:"蛇口有一个'海上世界'……前任经理作风正派,工作辛苦,不久前却被解聘了。原因是他在'海上世界'没有做出开创性的贡献。"这位前任经理就是王潮梁。这篇报道让人们知道,在蛇口,干部没有终身制,一切由业绩说了算。这些在今天看来司空见惯的做法,在当时的中国是罕见的。

伴随着大胆的试验,蛇口在劳动用工制、干部聘用制、薪酬分配制、住房制度、社会保险制等一系列制度方面,都率先改革,震撼全国。人们来到蛇口,惊讶地发现,这里有耳目一新的价值观、人才观、金钱观。蛇口,真不愧是改革的"试管"。

人才流动,要靠制度改革。用好人才,同样要靠改革相关制度。蛇口工业区的改革开创了全国的先河。

资料来源:谢国平. 中国传奇:从特区到自贸区[M]. 上海:上海人民出版社,2019.

二、早期，资本主要来自利用外资

深圳的外商直接投资（FDI）的演变历程呈现显著的阶段性特征，其增长轨迹与政策调整、国际环境及经济结构转型相关。从1980年设立经济特区起，深圳FDI的绝对金额从0.28亿美元攀升至2023年的88.86亿美元，但不同阶段的增长动力和挑战有较大差异。

1. 爆发式增长期（1980～1995年）

在1980～1995年的爆发式增长期，深圳依托特区政策红利和毗邻香港的区位优势，实现了FDI规模的指数级扩张。1980～1985年，深圳的FDI金额从0.28亿美元跃升至1.80亿美元，年均复合增长率高达约45.09%，这主要得益于改革开放初期制度突破释放的集聚效应。尽管1986～1990年深圳的FDI金额增速短暂回落至16.72%，但经历了1992年邓小平南方谈话，1990～1995年其增速反弹至27.42%，推动FDI规模突破10亿美元大关。

2. 平稳扩张期（1995～2010年）

1995～2010年进入平稳扩张期，深圳的FDI总量增长2.3倍，但增速明显趋缓。亚洲金融危机导致1995～2000年深圳的FDI金额增速降至8.40%，2001年中国加入WTO，2000～2005年深圳的FDI金额增速微升至8.65%，但2005～2010年进一步回落至7.67%。值得注意的是，虽然增速放缓，但2005年深圳的FDI绝对增量首次突破2亿美元，这表示规模效应开始显现。

3. 质量跃升期（2010～2020年）

2010～2020年进入质量跃升期，深圳的FDI金额在基数扩大的背景下仍保持较强的增长动能。2010～2015年借助前海深港现代服务业合作区的政策红利，其增速回升至10.89%，2015年深圳的FDI金额突破60亿美元。2015～2020年在中美贸易摩擦加剧的背景下，深圳的FDI金额增速虽然回落至7.52%，但2020年其FDI金额达86.83亿美元，十年间实现翻番增长。

4. 增长瓶颈期（2020年后）

2020年后的增长瓶颈期暴露出深层挑战。2020～2023年深圳的FDI金额仅增长2.03亿美元，年均增速骤降至0.77%，若剔除2020年新冠疫情初期的异常波动，2021～2023年深圳的FDI金额增速实际为-9.98%。这种断崖式下滑既源于新冠疫情导致的全球供应链中断，更折射出结构性矛盾：一方面，深圳的各项成本不断攀升；另一方面，地缘政治加剧技术脱钩，外资转向东南亚国家。

从长周期视角观察，深圳的FDI呈现以下三个规律性的现象：

一是政策红利呈现边际递减效应。早期特区政策能带来

40%以上的超高速增长,而近年自贸区政策仅能带来个位数的增速。

二是规模基数与增速呈反向关系。1980～1985年每1个百分点增速对应0.03亿美元增量,2015～2020年,同等增速需要2.91亿美元增量。

三是危机恢复周期拉长。1998年亚洲金融危机后五年增速即恢复至8.65%,但新冠疫情后三年增速未达预期。

这些特征提示,未来深圳吸引外资需从"政策优惠驱动"转向"制度创新驱动",通过深化规则衔接、产权保护等制度型开放,在复杂环境中培育新的竞争优势。关于深圳利用外资的特点与规模的相关情况可参见专栏2-5。

◎ 专栏2-5

深圳利用外资的特点与规模

1980年,在中央给予深圳经济特区的特殊政策中,有一项针对性很强的政策:简化外资审批政策。那个年代的深圳,资金、资本短缺,这成为影响深圳发展的重要因素。

在较长的一个时期,深圳的投资以港资、台资为主,且集中在劳动密集型制造业,如纺织、玩具和电子组装产业等。陆续建成的工业区成为早期外资的聚集地。1992年,南方谈话之后,党中央进一步明确改革开放方向,深圳扩大开放领域,外资加速涌入。这个过程同时伴随产业升级,外资转向电子、机械制造等高附加值产业。1996年,富士康落户深圳,带动了电子产品代工产业链。欧美和日本企业如IBM、沃尔玛进入深圳,投资制造业、零售业等行业。

2001年,中国加入世界贸易组织(WTO),不仅为中国产品出口创造了有利条件,而且为中国企业融入全球产业链提供了帮助。自此以后,深圳的外商投资领域拓展至金融、物流和高科技研发等行业。2008年后,深圳积极推动"腾笼换鸟",鼓励外资投向高新技术领域,如半导体、互联网、生物医药和现代服务业。2010年成立的前海深港现代服务业合作区成为金融行业和市场开放的"试验田"。

深圳利用外资有以下特点:第一,外资通过投资风险资本和产业资本,进入深圳的高科技行业;第二,外资在产业链、供应链中寻求投资可能,对于深圳的"强链""补链"起到了重要作用;第三,通过政策引导和环境营造,如通过《深圳市鼓励总部企业高质量发展实施办法》(2021年)、《深圳经济特区外商投资条例》(2022年)的发布,吸引跨国公司区域总部、研发中心入驻深圳。

1980年,深圳实际利用外资0.28亿美元,2022年这一金额达到历史最高水平,为109.7亿美元,2022年这一金额是1980年的近392倍。我们引用若干时间节点深圳实际利用外商直接投资总额的数据,来看深圳实际利用外资的增长,并引用2023年四个一线城市同口径数据,比较它们利用外资的规模（见表2-4、图2-9、图2-10）。

表2-4 各年份深圳实际使用外商直接投资金额及复合增长率

年份	实际使用外商直接投资金额（亿美元）	复合增长率（%）	复合增长率区间（年）
1980年	0.28	-	-
1985年	1.80	45.09	1980～1985
1990年	3.90	16.72	1985～1990
1995年	13.10	27.42	1990～1995
2000年	19.61	8.40	1995～2000
2005年	29.69	8.65	2000～2005
2010年	42.97	7.67	2005～2010
2015年	64.97	8.62	2010～2015
2020年	86.83	5.97	2015～2020
2023年	90.15	1.26	2020～2023

资料来源：作者根据深圳市统计局网站相关资料整理。

图2-9 各年份深圳实际使用外商直接投资金额及复合增长率
资料来源：作者根据深圳市统计局网站相关资料整理。

2023年,四个一线城市实际使用外商直接投资金额排名为上海第一、北京第二、深圳第三、广州第四,如图2-10所示。

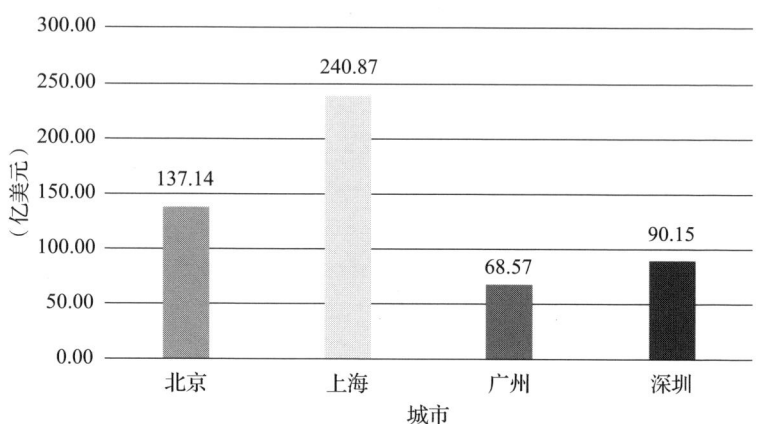

图 2-10　2023年四个一线城市实际使用外商直接投资金额

大规模利用外资,不仅对深圳的经济增长产生了积极作用,而且对深圳的产业转型升级和集群发展,技术与管理溢出,法治化、国际化营商环境建设,都产生了重大影响。

深圳利用外资的历史是一部从"引进来"到"走出去",从加工制造到创新高地的转型史。未来,深圳需进一步深化金融开放、数据跨境流动等改革,吸引全球高端要素资源,巩固其作为粤港澳大湾区核心引擎的地位。

资料来源:作者根据相关资料和数据整理。

三、土地和建成区

20世纪80年代初,深圳市的面积约为2000平方千米,深圳经济特区的面积为327.5平方千米。深圳当年待开发的建设用地大多为荒山野岭、海边滩涂,需要投入较大力度整治才能使用。深圳现在的建成区基本就是在这些土地上开发建设起来的,开发建设成本比较高。但是,无论如何土地还是可以获得的比较廉价的生产要素,这可以通过深圳建成区面积在全国排名靠前得到解释。深圳是一个既小又大的城市,为什么这么说呢?感兴趣的读者可以从专栏2-6中找到答案。

◎ 专栏2-6

既小又大的城市

深圳陆地面积约为2000平方千米,按照我国城市面积排名,深圳是我国经济强市中陆地面积较小的城市。在珠三角地区,这类城市比较多,类似的城市还有东莞、中山、珠海。深圳的总面积不大,但其建成区面积约为1217平方千米,排在北京、重庆、上海和广州之后,深圳的建成区面积在全国城市排名中靠前。从这两个角度来看,深圳被称为"既小又大的城市"。

深圳的建成区面积占其土地面积的60%以上,但深圳有非常严格的生态环境控制线,不少的山林地、水库等土地是严禁开发的,可以说能够达到60%以上的建成区比例,深圳已经把能够开发的土地都开发了。这和深圳庞大的人口规模和几乎达到100%的城镇化率有关。

从建成区的卫星地图叠加图层的图斑可以看到,深圳的主要建成区分布覆盖了大部分区,在部分的区特别密集,如福田区、南山区几乎全覆盖了,宝安区、龙华区等都有一些水库和山林,大鹏新区的建成区面积比较小,是因为这里大多是生态保护区。

深圳的建成区规模如此之大,在辖区范围内也几乎达到饱和的状况,因此深圳需要用其他方法获取更多的建设用地或产业园区,承载其产业运营。一方面,深圳通过在其海域周边进行填海造陆,向大海要土地,特别是在珠江口海域和深圳湾海域,深圳已经通过填海造陆获得大片非常有价值的土地,包括深圳宝安机场大部分土地、前海湾地区土地、深圳国际会展中心周边的大量土地,这些土地获取成本虽然比较高,但相较于利用征收土地的成本,参照其土地稀缺性,还是非常值得的。

另一方面,深圳还不断在周边城市建立深度合作区,深圳和汕尾建立的深汕特别合作区就是其中的代表,可以用"飞地"模式来形容,其总面积达到468.3平方千米。除此之外,还有在河源地区设立的深河合作区,在中山的深中经济合作区。这些都是深圳通过不断与周边城市合作,将其产业进行转移或使产业升级落户的做法。这些做法是很高明、很灵活的。

资料来源:作者根据相关资料和数据整理。

四、生产要素市场

生产要素的开发利用催生生产要素市场,生产要素市场通过优化资源配置,又促进产业和经济发展。深圳是社会主义市场经济体制的先行者,早在特区建立之初,人才、资本、技术和土地要素都领风气之先,先后开始了市场发育进程。这里以土地拍卖(见专栏2-7)和华强北电子市场(见专栏2-8)两个专栏来说明深圳生产要素市场的建立和发展。

◎ 专栏2-7

土地拍卖"第一槌"

老亨所著的《深圳传》中第5章的标题是"土地拍卖'第一槌'"。

开篇,老亨写道:"改革开放之初,港资企业蜂拥而入,首先看中的是内地几近无限供应的廉价劳动力,其次就是毗邻香港、地价几乎可以忽略不计的深圳土地。深圳面积比香港大一倍,深圳的土地近乎生地,但是好在离香港非常近,只要开通基础设施，就可以纳入国际经济大循环之中，实现其土地要素的经济价值。"因此，向香港学习，以市场手段发掘、利用土地价值，获取土地红利，既具有现实的可能性，也是一个重大的机会。对于可能的发展机会，深圳人从来都是紧紧把握，充分利用。

为什么深圳的城市建设、房地产开发起步早、发展快？原因很简单。其一，来自香港外溢的购买力。20世纪70年代末期，香港楼市正处于巅峰期。以尖沙咀东部为例，其地价在1978～1980年的三年间上涨了六七倍，楼价亦上涨了三倍。香港的购买力一旦向深圳转移，深圳的楼市价格就自然而然地水涨船高。同时，这个阶段"三来一补"工厂的加工费（当时称"工缴费"）也有较大增长，本地居民的购买力有了较大提升。其二，香港房地产的发展经验复制到了深圳。1983年，深圳首推商品房预售概念，这是从香港借鉴过来的；房地产证券化也开始试水，这也是从香港借鉴过来的。因为有香港的经验教训在前，深圳的城市建设与房地产开发少走了许多弯路，发展得相对较快、较顺利。

1987年10月中旬，中国城市土地改革研讨会在深圳顺利召开，该研讨会对深圳的土地制度改革起到很好的推动作用。1987年11月25日，深圳开始对有偿出让的试点进行招标。其时，全国市长会议在深圳举行。借着中央领导和全国许多城市参加的东风，深圳决定于1987年12月1日举办全国首创的土地拍卖大会。当时，深圳有关领导考虑到拍卖、招标的说法可能太敏感，还特意把"拍卖"改成了"公开竞投"。

1987年12月1日下午4点，可以容纳700多人的深圳会堂座无虚席、人声鼎沸，这里将要举行中华人民共和国首次土地使用权公开拍卖。这"第一槌"直接促成了宪法中有关土地使用制度内容的修改——《中华人民共和国宪法修正案（1988年）》在删除了土地不得出租规定的同时，增加了"土地的使用权可以依照法律的规定转让"的规定。

因为是"中国第一拍"，媒体反响也很强烈。第二天，香港《新报》头版报道说，土地拍卖意味着中国内地土地有偿使用，标志着中国经济改革进入新的里程。香港《大公报》也称这是理论和实践上的一次突破。香港《镜报》报道，这是中国空前的壮举，标志着中国改革开放进入新时期，是市场经济的一座里程碑。

曾经有观点认为，改革开放以后，关于土地批租的理论研究、政策建议分别源于上海的两所大学。然而，是敢闯敢试的深圳人率先迈出了中国土地制度改革的关键一步。这关键的一步，打开了要素市场的大门，对于确立以建立社会主义市场经济体制为改革目标，做出了难以估量的贡献。

资料来源：老亨，《深圳传》第5章，中国致公出版社2021年版。

◎ 专栏 2-8

华强北是产品市场也是要素市场

20世纪80年代,从上步工业区的一条厂区马路到"中国电子第一街",华强北兼具电子产品市场和生产要素市场的双重属性。特别需要指出,华强北并不是规划出来的,而是那个年代的拓荒者"无心插柳",自发地发育成长起来的产品市场和要素市场。

作为电子产品市场,华强北最广为人知的是,其作为全球最大的电子产品集散地之一,具备以下这些主要功能,包括终端产品交易:华强北销售手机、电脑、智能设备等消费电子产品,以及配件、数码产品等;零售与批发:华强北既有面向普通消费者的零售市场(如赛格电子市场、华强电子世界),也有面向企业的批发渠道;创新试验场:许多新兴电子产品,如早期的山寨手机、无人机和智能硬件在此首发,华强北成为市场风向标。

作为生产要素市场,华强北更深层的经济意义在于其产业链配套能力,华强北具有生产要素市场的主要功能。例如,电子元器件供应:华强北提供芯片、电容、电阻、PCB板等基础元器件,是硬件生产的原材料集散地;生产服务集成:华强北聚集了方案设计、模具开发、代工生产、检测认证等环节,企业可快速完成从设计到量产的全流程;技术信息流动：华强北市场内信息高度密集，价格、技术趋势、供需动态快速传递，形成生产要素配置的"信号灯"；灵活供应链网络：中小厂商能通过华强北快速获取生产所需的物料、技术和配套服务，降低创业门槛。

电子产品市场更强调终端产品的流通，而生产要素市场侧重于生产资源的配置。华强北的独特性在于两者紧密交织，其终端产品交易依赖背后的供应链网络，而供应链的活力又源于市场需求的反哺。严格来说，传统的"生产要素市场"通常指土地、劳动力、资本等基础要素的交易平台，而华强北更多是电子产业垂直领域的中间品和服务市场，属于广义的生产要素市场。2007年10月12日，"华强北·中国电子市场价格指数"发布，宣告华强北成为全球最大的电子产品交易市场之一。在这个指数的指标体系中，有多个关于生产要素交易的指标。所以，华强北电子市场是产品市场和要素市场的综合体。

作为电子产业生产要素市场的华强北，对深圳乃至全国的电子产业发展做出了巨大贡献。华强北既是全球知名的电子产品交易中心，也是中国电子制造业重要的供应链枢纽。它虽不完全等同于经典理论中的生产要素市场，但通过高度集中的元器件供应、技术服务、信息交互和灵活生产网络，实际承担了区域性产业生产要素配置平台的功能。这种独特的生态使其成为全球电子产业中"市场"与"生产"高度融合的典型案例。

《2025—2030年全球及中国电子行业市场现状调研及发展前景分析报告》指出，深圳福田区华强北，作为享誉全国的"中国电子第一街"，正在加速向"全国新质生产力策源第一街"迈进。2025年3月5日，"鹏城低空福田腾飞"低空经济全产业链生态启航仪式在深圳福田区华强北赛格广场举行，一系列创新成果和技术展示令人瞩目。智能机器狗、无人机编队、机器人乐队等新产品的精彩演绎，不仅展现了科技的魅力，更彰显了华强北在电子产业转型中的蓬勃活力。

从传统电子产品市场到新质生产力策源地，华强北正在书写新的篇章。通过技术创新、生态构建和人才培养等多维度发力，华强北不仅巩固了其在电子产业的地位，更向着成为全国乃至全球数智产品创新高地的目标稳步迈进。未来，这片热土将继续引领科技与经济的深度融合，为区域经济发展注入更多活力。

资料来源：作者根据公开资料整理。

《中共中央关于坚持和完善中国特色社会主义制度 推进国家治理体系和治理能力现代化若干重大问题的决定》(2019年10月31日中国共产党第十九届中央委员会第四次全体会议通过)明确提出："健全劳动、资本、土地、知识、技术、管理、数据等生产要素由市场评价贡献、按贡献决定报酬的机制。"这是在全球范围首次提出生产七要素,并将数据增列为生产要素。

多年来,深圳在充分利用传统要素及区位优势的基础上,较早较好地开发利用新质要素,即人力资本、管理、技术和数据要素。人才或人力资本是知识要素的载体。技术内生于要素投入和生产过程。管理既是一种人力资本的劳动,又是企业家才能和精神的体现。从信息技术到数字技术,从互联网到人工智能,数据如同工业革命年代的煤炭和石油,成为不可替代的生产要素。与其他三个一线城市相比,在七个生产要素中,除了土地是天然短板,深圳在其他要素上都具有一定的优势。高技术产业的率先发展和电子信息产业的强劲实力,使得深圳在技术和数据要素上有着相对丰裕的禀赋。同时,生产要素市场的率先发育,使得深圳的生产要素得以优化配置,创造了相对较高的效率。

03 第三章 CHAPTER

生态
竞争优势的"底座"

沿着市场经济的正确道路走下去,企业尤其是民营企业,它们自主经营、自主投资,此后自主创新,就成为创新和产业生态的"物种",其中一部分民营企业还会成为优质的、强大的"物种"。它们会自发地构建各种生态链,即产业链、创新链、供应链、配套链和价值链等,并从中产生"链主"企业。社会相关主体会根据"物种"的需求提供各种"养料",即资金、人才和服务等。这就是形成创新和产业生态的基本逻辑。

深圳之所以比其他城市更早、更多地产生了科技型企业,就是因为它有着相对完善和优化的创新和产业生态。研究和实践均表明,静态(短期)地看,创新和产业生态是"因",现代化产业体系是"果";动态(长期)地看,二者互为因果,互相成就。

创新和产业生态对建设现代化产业体系有着一般化的解释力:城市经济的基础在产业,产业强则城市强;创新和产业生态是现代化产业体系的"摇篮",生态优则产业强、城市强。

第一节　发展高新技术产业是不二选择

进入 21 世纪，深圳遇到了发展的"瓶颈"，其原因主要有两个。

其一是外部原因。2001 年 11 月，中国加入世界贸易组织。中国"入世"，意味着开放，公平地开放；意味着实行普惠的改革开放政策，即优惠（特惠）政策的结束。人们问：经济特区还"特"吗？现在看来，正如"入世"谈判时高估了"入世"对中国汽车产业的冲击一样，优惠政策的结束对深圳经济特区的影响并没有人们想象的那么大。

其二是内部原因。2002 年 11 月，一篇题为《深圳，你被谁抛弃》的长文在深圳引起广泛讨论。时任深圳市市长于幼军与文章作者进行了两个半小时的对话。这篇文章在述及优惠政策取消、区位优势下降等因素的同时，指出了深圳自身存在的问题，诸如国有经济改革迟缓、公共机构效率低下、治安环境日趋恶劣和城市环境（主要指自然生态和城市交通）捉襟见肘等。作者认为，抛弃深圳的不是别人，而是深圳自己。这篇文章引发了关于深圳未来发展的大讨论。

优惠政策式微和这场大讨论，使深圳人对深圳的战略定位有了更加清晰的共识："深圳不应该再追求成为综合性超级城市，而应建设一个以高新技术产业为支柱的城市。于幼军曾这样描述深圳的未来——第一，深圳的优势在于创新；

第二,深圳不做华盛顿、纽约;第三,深圳可以做硅谷。"㊀其实,这个战略定位是对已经开始的实践的肯定。深圳在20世纪90年代就提出发展高科技产业,并为此做出了很大的努力。过程艰辛是不言而喻的,产业基础和产业体系薄弱,相关的配套条件也远不如上海、北京等城市,这是客观存在的,但主观上深圳也走过弯路。

2003年,著名经济学家吴敬琏到深圳考察,当获悉深圳正准备转向"重型化"工业道路时,他表示了担忧。他在《中国增长模式抉择》一书中回忆道:"当时我和几位在座的老同志一样,对这样的产业结构战略转型以及与之配套的扩大辖区面积的要求,是不赞成的。"好在深圳"重型化"战略轰轰烈烈搞了两年多,没折腾出什么名堂,GDP至上的发展观很快被科学发展观颠覆。深圳还是回到了创新引领,发展高新技术产业和现代服务业之路上。2008年,全球金融危机加快加深了深圳的产业转型升级。当年到任的深圳市常务副市长许勤尖锐地指出:"所有生产要素,深圳都没有优势,不论是土地、原材料、电还是水,唯一有可能的突破点就是创新。"㊁

从2009年起,深圳每年投入35亿元,布局互联网、生

㊀ 谢国平:《中国传奇:从特区到自贸区》,上海人民出版社2019年版,第408页。
㊁ 谢国平:《中国传奇:从特区到自贸区》,上海人民出版社2019年版,第426-427页。

物、新能源等七大战略性新兴产业。2014年起，深圳每年又拨付15亿元，发展生命健康、机器人、航空航天等五大未来产业。深圳还加大创新奖励力度，对于由著名科学家命名并牵头组建的科学实验室，可予以最高1亿元的支持；对首次入选"世界500强"的深圳企业给予3000万元的奖励；设立100亿元市级基金，支持中小微企业发展。2015年，深圳全社会研究与开发投入占GDP比重达到4.18%，而全国平均水平为2.06%，全球占比水平最高的以色列为4.4%。同年，深圳PCT国际专利申请1.33万件，占全国的44.6%。㊀

第二节 创新和产业生态的基本架构

通过创新发展高新技术产业，对一座城市来说，最重要的是什么？

如果说发展之初深圳人对此还没有清晰的共识，那么，时至今日，深圳的实践生动地回答了这个问题。答案就是：要发展高新技术产业和战略性新兴产业，乃至建设现代化产业体系，创新和产业生态是关键性因素。这是因为，科技创新、产业创新的过程充满着试错，创新和产业生态的优劣，

㊀ 谢国平：《中国传奇：从特区到自贸区》，上海人民出版社2019年版，第427页。

决定试错成功率的高低，亦即创新效率的高低，也就决定现代化产业体系建设水平，决定科技型企业的数量和质量。

借用生物科学中"生态""生态系统"的概念，在经济学与管理学中我们参照自然生态的术语和原理比照创新和产业生态。一个好的自然生态大致需要具备如下条件：物种的丰富度和生态位多样性；建立在能量流动、物质循环基础上的生态廊道和动态平衡；能够自我维持并提供必要的功能性生态服务，同时具有自我调节能力、足够的韧性和多样化，以应对内外部变化的压力。在此基础上，适度的人类干预是必要的。这些条件对创新和产业生态是基本适用的。[一]

类似于自然生态，创新和产业生态系统（见图3-1）的三个基本构件是"物种"：指创业者、企业主和企业家，以及他们创办的企业；"链"：指一个网链，由创新链、产业链、产品链（配套链）、价值链、供应链、服务链和社交链等组成；"养料"：指由相关主体——教育科研机构、金融机构和公共机构等提供的人才、资本和服务（营商环境）等。

创新和产业生态是一种崭新的创新范式。与此前的机械式、靶向式和精准式创新范式不同，这种范式具有多样性、开放性、自组织性和动态性的特征。如果将之前的创新范式比作目标明确的"工厂"，那么，创新和产业生态这种范式

[一] 罗布·邓恩：《未来自然史：掌控人类命运的自然法则》，李蕾、张玉亮译，新星出版社2024年版。

就是众多"物种"杂居,有可能产生新"物种"的"雨林"。

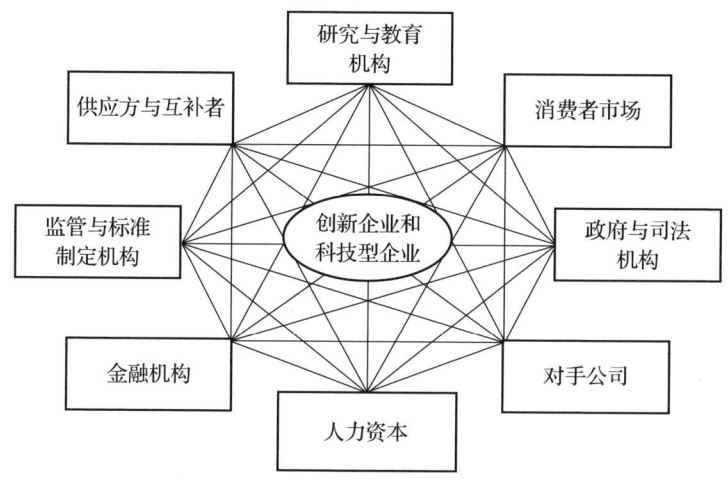

图 3-1 创新和产业生态系统[一]

资料来源:霍尔,罗森伯格.创新经济学手册(第一卷)[M].上海市科学学研究所,译.上海:上海交通大学出版社,2017,743.

在"雨林型"创新和产业生态中,科技创新成果及产业化就会在一定的概率,即成功率下产生。创新和产业生态的质量就是由这个概率的大小体现出来的。在影响创业、创新和产业化成功的诸因素中,生态是一个相对更加重要的问题。政府和社会有关方面要将文章做在创新和产业生态上。

[一] 在《创新经济学手册(第一卷)》书中第 16 章"技术创新和公司理论:企业层面知识、互补性和动态能力的作用"中,作者给出了一个"创新生态系统"示意图,并对创新生态做了比较深入的分析。我们将创新生态延伸到产业生态,将此图中的创新企业改为"创新企业和科技型企业",将图的名称改为"创新和产业生态系统"。

唯有具备一个好生态，人们的创新创业意愿才会得到提升；创新创业和产业化的成功率也将在很大程度上得到提高。

我曾经与时任总理李克强讨论过创新生态的相关问题，具体情况可参阅专栏 3-1 中的内容。

◎ 专栏 3-1

我和总理讨论创新生态

在我研究创新和产业生态的过程中，有一件值得记上一笔的小故事。2017 年 7 月 6 日，我出席了时任总理李克强主持的经济形势专家和企业家座谈会。在会上，我向总理和与会的领导、专家汇报了关于创新生态的相关研究。我在发言中说了如下几点意见。

第一，总理呼吁"大众创业，万众创新"，是从创新驱动、转型发展层面提出来的，但坊间对此有误解，认为这是权宜之计。

第二，在成功率一定的条件下，鼓励更多的人创业创新，当然很重要，这会带来更多成果，但关键在于提高成功率。好的创新生态能够提高成功率，硅谷和深圳就是例证。

第三，深化改革，更加注重创新生态系统建设。我发言时，总理问道："你们有关于硅谷和深圳湾创新生态比较的研究报告吗？"我回答："现成的完整报告没有，但我们可以做一个。"两个月后,《基于硅谷和深圳湾比较的创新生态系统研究报告》发到了总理办公室负责人的邮箱。

2017年7月13日,中国政府网发文:"大家翻翻科学史,人类的重大科学发现都不是'计划'出来的!必须给科学家创造更多的空间,释放他们更大的活力!"7月12日的国务院常务会议上,李克强总理语重心长地对与会各部门负责人说。几天前的经济形势座谈会上,上海交大安泰经济与管理学院教授陈宪曾向总理提建议:政府应更加注重"双创"生态系统的建设,包括行政管理体制改革、如何更好发挥公共服务作用等。"我们要把'双创'推向更大范围、更高层次、更深程度,不能光靠建设众创空间、'双创'基地,而要进一步营造融合、协同、共享的'双创'生态环境,从而实现持续健康发展,增强创业创新实效。"李克强在12日的国务院常务会议上重提此事时说。

第三节 创新和产业生态的核心要素

人才、资本、服务是创新和产业生态的核心要素。人才是根本,资本和服务都是"养料"。人才决定"物种";资本、服务是"物种"成长的环境和条件。人才与教育科研机构有关,资本与金融机构有关,服务与公共机构有关。这里,我们以深圳为例,分别看看这些机构的成长和贡献。

一、人才和大学

深圳是一座移民城市，早期深圳没有大学，人才来自移民。这是深圳的特殊性。经济学家在人力资本理论中，将迁移和健康、教育、培训等共同作为产生人力资本投资价值的途径。除了战乱、灾害等引发的被动迁移外，"人往高处走"的主动迁移即理性迁移，是人类社会进步的动力之一。中国古话"树挪死，人挪活"也足以表明，主动迁移是产生更大价值的行为。这45年来移民对于深圳的价值，是如何估计都不为过的。

深圳的第一所大学——深圳大学，诞生于1984年。之后，尤其是近10年来，深圳又创办了多所大学，专栏3-2主要介绍了深圳三所大学的相关情况。

◎ 专栏3-2

深圳的三所大学

我分别在深圳大学、南方科技大学和香港中文大学（深圳）的官网，摘录下这三所大学的简介。

深圳大学于1983年经教育部批准设立，肩负着为特区培养人才和为国家高等教育改革探路的光荣使命。中央、教育部和地方高度重视深圳大学建设，组织北大援建深圳大学的中文、外语类学科，清华援建深圳大学的电子、建筑类学科，人大援建深圳大学的经济、法律类学科，一大批知名学者云集深圳大学。建校伊始，学校在高校管理体制上锐意改革，在奖学金、学分制、勤工俭学等方面进行了积极探索，率先在国内实行毕业生不包分配和双向选择制度，推行教职员工全员聘任制度和后勤部门社会化管理改革，为中国高等教育改革做出了重要贡献。深圳大学是国家大学生文化素质教育基地、全国文明校园、全国民族团结进步示范学校。

建校42年，深圳大学秉承"自立、自律、自强"的校训，紧随特区步伐，锐意改革、快速发展，在较短的时间内形成了从学士、硕士到博士的完整人才培养体系以及多层次的科学研究和社会服务体系，形成了"特区大学、窗口大学、实验大学"的办学特色，培养了近30万名各类创新创业人才，95%以上的人才扎根粤港澳大湾区，为特区发展和国家现代化建设做出了重要贡献。特别是进入新时代以来，学校实施高水平大学建设发展战略，成为内地进步最快的大学之一，综合实力得到全面快速提升，创新创业人才培养、人事管理体制等领域的改革走在全国前列。目前，学校已经成为一所特色鲜明、实力雄厚、在国内外具有良好声誉和重要影响力的高水平综合性大学。

南方科技大学是深圳在中国高等教育改革发展的时代背景下创建的一所高起点、高定位的公办新型研究型大学。

2022年2月14日，教育部等三部委公布第二轮"双一流"建设高校及建设学科名单，南方科技大学及其数学学科入选"双一流"建设高校及建设学科名单。学校借鉴世界一流理工科大学的学科设置和办学模式，以理、工、医为主，兼具商科和特色人文社科的学科体系，在本科、硕士、博士层次办学，在一系列新的学科方向上开展研究，使学校成为引领社会发展的思想库和新知识、新技术的源泉。

南方科技大学扎根中国大地，紧抓粤港澳大湾区、深圳先行示范区"双区"驱动，深圳经济特区、深圳先行示范区"双区"叠加的历史机遇，发扬"敢闯敢试、求真务实、改革创新、追求卓越"的创校精神，突出"创知、创新、创业"的办学特色，践行"明德求是、日新自强"的校训精神，努力服务创新型国家建设及深圳国际化现代化创新型城市建设，快速建设成为聚集一流师资、培养拔尖创新人才、创造国际一流学术成果并推动科技应用的国际化高水平研究型大学，为尽早实现建成世界一流研究型大学的宏伟目标打下坚实基础。

香港中文大学（深圳）是一所经教育部批准，参照中外合作办学条例设立的大学。大学以创建一所立足中国、面向世界的一流研究型大学为己任，致力于培养具有国际视野、中华传统和社会担当的创新型高层次人才。大学的办学特色包括国际化的氛围、中英并重的教学环境、书院制传统、通识教育、新兴交叉学科设置和以学生为本的育人理念。目前，来自世界各地的 10 000 多名优秀学子正在香港中文大学（深圳）求学。

自 2014 年成立以来，经过十年的发展，大学学科建设已逐步完善，现有经管学院、理工学院、人文社科学院、数据科学学院、医学院、音乐学院、公共政策学院和人工智能学院八个学院以及一个研究生院。香港中文大学（深圳）已开设 29 个本科专业及 46 个研究生（硕士、博士）项目。2025 年香港中文大学（深圳）各学院设立的本科专业包括（最终以教育部批复为准）：市场营销、国际商务、经济学、金融学、会计学、大数据管理与应用（拟新增）、金融工程、数学与应用数学、新能源科学与工程、化学、材料科学与工程、电子与计算机工程、物理学、应用心理学、翻译、英语、城市管理、国际组织与全球治理、统计学、计算机科学与技术、数据科学与大数据技术、临床医学、生物信息学、生物医学工程、药学、生物科学、音乐表演、音乐学、作曲与作曲技术理论。

大学的使命为，通过在宽广学科领域的优质教学和研究，以及对社会大众的服务，致力于对人类知识的创造、传承和应用，以适应社会的需求，促进粤港澳大湾区、全中国以至世界的发展，贡献社会，造福人类。本大学将努力成为区域、全国及国际公认的一流研究型大学，在中英双语及全球视野的教育教学、学术成果及社会贡献诸方面，均达到卓越水准。

除了以上三所大学外，哈尔滨工业大学（深圳）、深圳理工大学、深圳海洋大学和深圳技术大学等院校，也是深圳高等教育体系的重要成员。

资料来源：作者根据深圳大学、南方科技大学和香港中文大学（深圳）官网资料整理。

二、科研机构

科研机构既是创造知识、研发技术和转化成果的地方，也肩负培养人才的重任。深圳在设市和建立特区时，没有一家"国"字头的研究机构。时至今日，深圳不仅有了多家国家级的研究机构，而且，也有了深圳自己创办的具有国内国际领先水平的研究机构，例如中国科学院深圳先进技术研究院、深圳医学科学院等。专栏3-3主要介绍了深圳的科研机构、实验室和大科学装置的相关情况，感兴趣的读者可以阅读参看。

◎ 专栏3-3

深圳的研究机构、实验室和大科学装置

中国科学院深圳先进技术研究院（简称"深圳先进院"）成立于2006年，由中国科学院、深圳市人民政府和香港中

文大学三方共建，为中国科学院在粤港澳大湾区布局建设的国家战略科技力量。深圳先进院以科技强国为使命，聚焦主责主业，已重点布局医学成像设备与科学仪器、合成生物与生物制造、集成电路材料与封装三大主攻方向，和脑机接口与智能系统、脑解析与灵长类模型、医疗器械与医疗装备、智能医药与健康数据、先进材料与碳中和五大科研方向。

18年来，深圳先进院不断探索和实践新型科研机构的创新道路，创新构建了以科研为主的集科研、产业、人才为一体的微型协同创新生态系统，一大批关键性、原创性、引领性的科技成果不断涌现。累计承担各类经费超250亿元，发表论文超2万篇，申请专利1.6万件，其中PCT专利3000余件，转化率达27.5%；与企业共建联合创新体团队260支，合作金额超17亿元，源源不断地为企业输入科研成果和科技人才，有效解决了企业在发展中遇到的科学技术难题，获得了国内外科技界的认可，展现了新型科研机构的特色与活力。展望未来，深圳先进院将紧抓"双区"驱动重大机遇，持续深化改革，加快突破关键核心技术，努力攻克世界级科学难题，为推进高水平科技自立自强做出新的更大贡献。

深圳医学科学院致力于建成集前沿科学研究、科技资源管理、教育与交流、临床研究网络、科技成果转化与政策咨询为一体的医学科技战略机构。深圳依托深圳医学科学院全新机制的战略优势，发挥深圳市医学研究专项资金影响力和导向作用，打通临床医学、基础研究、产业转化等环节之间的体制机制障碍，探索科研机构改革新思路，构建可复制可推广的科技创新范式。深圳医学科学院推进深圳医学科技创新在全国先行示范，打造深圳生物医药人才高地，建设生物医药的深圳，打造生物医药的东方大湾区。

深圳医学科学院聚焦影响人民生命健康的重大问题和突发重大公共卫生事件，以临床需求为导向，联结跨机构、跨领域、跨地区的前沿科技攻关组与临床诊疗协作网。深圳发挥深圳医学科学院高端人才培养优势，联合境内外知名高校，以汇集国际化教育资源为特色，培养具有科学精神、创新能力的生物医药和医学科学高层次未来创新人才，打造兼备临床与科研完整训练的医师科学家培养体系，打通生命健康领域原始创新与临床医学研究之间的"无形壁垒"，开创健康深圳新纪元。

深圳还有一批由中央企业、高等院校创办或联合创办的研究机构，主要包括深圳航天科技创新研究院、中广核研究院有限公司、中国铁道科学研究院深圳研究设计院、深圳航天工业技术研究院有限公司、中国农业科学院农业基因组研究所、中科遥感（深圳）卫星应用创新研究院、工业和信息化部电信研究院南方分院、清华大学研究院等。

作为深圳第一家国家级科研机构,深圳先进院积极履行战略使命,将国家需求、科技前沿和区域经济有机结合,牵头建设了多家实验室、研究院、研究中心和大科学装置。面向国家重大需求,牵头组建了医学成像科学与技术系统重点实验室、定量合成生物学重点实验室,参与共建了集成电路材料全国重点实验室、脑认知与类脑智能重点实验室,全力抢占科技制高点。面向经济主战场方面,牵头组建了国家高性能医疗器械创新中心、国家生物制造产业创新中心,参与大湾区国家技术创新中心分中心建设,不断推动产业技术的升级迭代。面向世界科技前沿方面,牵头建设深圳先进电子材料国际创新研究院、深港脑科学创新研究院、深圳合成生物学创新研究院三大基础研究机构,深入践行高质量发展理念。牵头建设深圳合成生物研究、脑解析与脑模拟重大科技基础设施,落地光明科学城,为粤港澳大湾区国际科技创新中心和综合性国家科学中心的建设提供了强有力的支撑。

深圳在中央和广东省支持下,深圳还组建了光明实验室、鹏城实验室和深圳湾实验室等实验室,以及国家超级计算深圳中心等大科学装置。深圳通过实验室、大科学装置布局,正从"产业创新"向"源头创新"跃迁,未来有望在脑科学、合成生物、材料基因等领域形成全球影响力,助力科技创新与产业创新深度融合。

资料来源:作者根据公开资料和报道整理。

三、金融机构

始于1995年的深圳"第二次创业",主要任务是调整优化经济结构,即通过大力发展高新技术产业,加快产业升级,实现深圳经济转型。发展高新技术产业需要科技人才、科研成果、巨量资金、政策环境、法治环境等的强力支撑。深圳发展战略的调整催生了大量科技型企业,而初创期的中小微科技型企业,没有银行贷款必需的抵押物,所以这些初创期的企业不可能从银行获得贷款。它们的第一笔融资要么得到机构担保,要么来自股权融资——从天使基金或创投基金获得投资。

1994年12月,在发展股权融资的条件尚不成熟时,肩负着深圳市委、市政府赋予的"解决中小微科技企业融资难"问题的重任,深圳市成立深圳市高新技术产业投资服务有限公司(后更名为"深圳市高新投集团有限公司",简称"高新投"),专门为中小科技企业银行融资提供担保服务。

1999年初,深圳市根据高新技术产业发展的情况,请求国家批准深圳设立创业投资基金,支持迅猛发展的高新技术产业。但是,当时国家刚刚开始研究制定创业投资基金的管理办法,在管理办法出台之前,无法批准深圳创业投资基金的设立。深圳市委、市政府主要领导意识到,如果等到国家出台相关法律法规之后才能设立创业投资基金,可能会影响深圳高新技术产业的发展。经过研究,市政府找到了变通的办法——把设立深圳创业投资基金改为设立深圳创业投资公司。1999年8月26日，深圳创新科技投资集团有限公司（简称"深创投"）正式成立。深创投实际上就是中国第一家创业投资公司。

特别需要指出，在深创投成立之初，时任深圳市市长李子彬交代了一个方向性原则，概括起来就是四句话：政府引导、市场化运作、按经济规律办事、向国际惯例靠拢。后来，在这个原则的基础上又衍生出另外两个原则：立足深圳，面向全国；政府"不塞项目不塞人"。三个原则的核心理念都是强调市场化。正是这三个原则给深创投注入了企业的"成长基因"，让这家国有创投公司放开了手脚，开疆拓土，成长为"中国创投领头羊"。[1]

1998年6月，当时主管创业投资工作的副市长庄心一指出："要想从无到有，建立起一个能够支持、推动高新技术产业发展的创业投资体系，就要走立法的道路，要能够为这样一个新生的行业定制度、明机制、放空间，要能够使这样一个市场化程度很高的产业从一开始就按照市场规则而不是政府行政指令运营。"[2] 为此，他提出政府要颁布一个有关创业投资的"暂行规定"。在起草过程中，他组织相关部门讨论，如何能够在我国市场经济机制尚不完善的时候，从深圳

---

[1] 李子彬：《我在深圳当市长》，中信出版社2020年版。
[2] 戴北方：《深圳口述史（下卷）》，海天出版社2017年版，第18页。

的实际出发，培育出只在少数发达市场经济国家非常活跃的风险投资行业。可见，庄心一当时的思考是深刻的，起点是很高的。

2000年10月，《深圳市创业资本投资高新技术产业暂行规定》（简称"暂行规定"）正式颁布。"这个'暂行规定'对于深圳创业投资产业发展的真正意义在于解决了授人以渔而不是授人以鱼的基础性制度问题。当年全国吸引外资的重点还是引进一般性的直接投资，'暂行规定'使外资创业投资进入国内有法可依。"㊀暂行规定颁布后不久，深圳市人大常委会开始推动将政府规章上升为地方立法的工作。2003年2月，深圳市人大常委会正式颁布了《深圳经济特区创业投资条例》（简称"条例"）。深圳的发展实践表明，创业投资对深圳的创业创新和新兴产业发挥了特殊的重要作用。

唐杰在接受《深圳口述史》编写组采访时，讲了一个影响中国创业投资领域的故事。他说："当时的深圳市市长于幼军在文件上批示，应将从英语'venture capital'直译过来的'风险投资'改称为'创业投资'……现在看来，这一修改对于风险投资在中国的发展真的是很有意义，当我国直接融资比例还很低的时候，创业投资的真正意义是提高产权投

㊀ 戴北方：《深圳口述史（下卷）》，海天出版社2017年版，第19页。

资比重，是确定知识产权的价值，是按照市场经济的内在规律衡量公司的价值，而不是银行的借贷行为，也不是在股票市场上买卖股票的行为。"[一]毫不夸张地说，创业投资市场体系的建设是深圳高新技术产业快速发展的基础，是深圳成长为创新型城市不可磨灭的基石。

深创投成立6年后，2005年11月，国务院制定的《创业投资企业管理暂行办法》才出台。深圳因为深创投而被誉为中国本土创业投资基金的策源地。

下面我们通过专栏3-4、专栏3-5、专栏3-6三个专栏来分别了解深圳创业投资行业的代表性机构高新投和深创投，深圳证券交易所，以及20世纪80年代深圳成立的两家商业银行的相关情况。

◎ 专栏3-4

高新投和深创投

高新投和深创投是两家独立的，但都有着深圳国资背景的金融机构，均服务于深圳科技创新和产业发展。高新投和深创投的成立背景、核心职能和发展路径存在差异。

深圳市高新投集团有限公司（简称高新投）成立于1994年。高新投的定位是科技金融综合服务商，侧重债权融资支

[一] 戴北方：《深圳口述史（下卷）》，海天出版社2017年版，第19页。

持。其核心职能是融资担保、保证担保和创业投资，专注于为中小科技企业提供全生命周期金融服务。1994年，深圳市政府为破解科技型中小企业"融资难、融资贵"问题，成立高新投。它是国内最早探索科技与金融结合的专业机构之一，初期以担保业务为核心，助力企业获得银行贷款。1999年，高新投推出全国首个"科技型中小企业担保贷款"产品。2017年，高新投成为全国首批获得AAA主体信用评级的融资担保机构。

深圳市创新投资集团有限公司（简称深创投），成立于1999年。深创投的定位是中国本土创投行业龙头，侧重股权融资支持。其核心职能是以股权投资（VC/PE）为主，聚焦早期和成长期高新技术企业的直接投资。1999年深圳高交会期间，深圳市政府为落实"发展高科技，实现产业化"的战略，联合社会资本成立深创投，通过股权投资直接支持初创企业。深创投早期投资腾讯、大族激光等明星项目。2005年后，深创投通过"政府引导基金"模式向全国扩张，成为中国本土创投标杆。

这两家金融投资机构名称均含"高新""创新"等关键词，且均为深圳国资控股，易被误认为是关联企业，但二者业务互补，无股权和隶属关系。尽管它们的政府背景重叠，均受深圳市国资委实际控制，高新投由深投控控股，深创投由深圳市国资委直接持股，但它们分属不同的业务体系：高新投隶属于深圳"科技金融生态"中的债权融资板块;深创投隶属于"股权投资生态"中的直接融资板块。

高新投和深创投是深圳科技创新体系中的"双支柱",前者通过债权工具降低融资风险,后者通过股权工具激发创新活力。它们分别从担保和投资两端切入,形成差异化布局,共同构建了深圳"科技+金融"的独特生态,已经为深圳科技创新和产业创新融合发展做出,并将继续做出积极的贡献。

高新投和深创投战略目标高度一致,均为深圳建设"全球科技创新中心"的核心抓手,服务对象均为科技型中小企业。高新投和深创投对同一企业可能分阶段提供支持,例如,高新投为企业提供担保贷款,解决短期资金需求,深创投在企业成长后通过股权投资助力企业扩张或上市。在金融服务实体经济的主航道上,这两家公司都在发掘科技企业价值潜力,为深圳建设全球创新之都,为我国建设世界科技强国不懈奋斗。

资料来源:作者根据公开资料整理。

◎ 专栏3-5

深圳证券交易所

深圳证券交易所(简称"深交所")是中国三大全国性证券交易市场之一,与上海证券交易所和北京证券交易所共同构成中国资本市场的核心支柱。自成立以来，深交所经历了从地方性市场到国际化交易所的跨越式发展，其历程既体现了中国改革开放的探索精神，也为全球新兴市场提供了重要经验。

20世纪80年代，深圳经济特区成立后，企业股份制改革加速，急需资本市场支持融资。1990年，中央决定在上海和深圳分别设立证券交易所，推动计划经济向市场经济转型。1990年12月1日，深交所开始试营业，1991年7月3日，深交所正式开业，首批上市企业包括深发展（现平安银行）、深万科等5家公司。

1992年8月10日，深交所新股认购抽签表舞弊引发骚乱，暴露了监管漏洞。同时，交易规则、信息披露和投资者保护机制等基础性制度尚未健全，市场参与者风险意识薄弱。为此，加强规范化建设，不断完善制度体系被提上议事日程。1999年《中华人民共和国证券法》实施，明确了交易所法律地位，并引入了电子化交易系统，取代手工撮合。2004年，深交所设立"中小板"，为中小企业提供融资渠道；2009年，深交所推出"创业板"，聚焦科技创新企业，成为中国版"纳斯达克"。

截至2023年底，深交所上市公司超2800家，总市值逾35万亿元，创业板上市公司超1300家，市场规模跃升，数量全球领先。2016年，"深港通"启动，外资持股比例限制逐步放开，2022年外资持股占比达4.5%，国际化水平得到提升。2020年，创业板试点注册制改革，上市效率提升，年内新增IPO企业数量增长超50%。

近年来，深交所推进创新驱动与科技赋能，应用大数据、AI监控异常交易。2023年，深交所上线"鹰眼"系统，实时预警市场风险。同时，深交所推动产品多元化，推出ETF（交易型开放式指数基金）、REITs（房地产投资信托基金）、绿色债券等，支持新经济与可持续发展。

在深交所的发展历程中，有成功经验，也有深刻教训。其成功经验主要表现在以下方面：①坚持市场化导向，注册制改革简化上市流程，降低企业融资门槛，创业板为宁德时代、迈瑞医疗等科技巨头提供成长土壤。②退市制度常态化，2023年强制退市企业达25家，推动市场优胜劣汰。③服务实体经济，聚焦中小企业与创新经济，创业板上市公司研发投入强度达5.2%，远超A股平均水平2.1%。④通过"双创债""知识产权证券化"等工具支持科技成果转化。⑤通过"深港通""跨境ETF"吸引国际资本，2023年外资交易占比提升至8%。

其深刻教训主要表现在以下方面：①早期监管滞后，20世纪90年代因规则缺失导致市场操纵频发，如"327国债期货事件"，倒逼国家建立集中统一的监管体系。2015年股市异常波动后，监管部门完善熔断机制，加强杠杆资金监控，强化风险防控。②市场结构有些失衡,例如散户占比长期超60%,投机氛围浓厚。但是近年来,监管部门通过扩大机构投资者规模、推广指数基金等措施使这一失衡状态逐步改善。③部分上市公司质量参差不齐,注册制下还需加强事中事后监管。④在国际化方面存在一定的挑战。深交所与国际规则接轨不足,外资准入仍有限制,如限制持股比例、缺少衍生品工具。⑤地缘政治风险加剧,需要平衡开放与金融安全之间的关系。

未来,深交所要继续深化注册制改革,拓展至主板市场,完善信息披露和退市机制;服务国家战略,支持科技型企业、绿色金融和大湾区一体化发展;推动科技与监管融合,探索区块链存证、数字人民币结算等场景;提升国际竞争力,与香港交易所、新加坡交易所合作,吸引更多境外优质企业上市。

资料来源:作者根据公开资料和报道整理。

◎ 专栏 3-6

两家创办于深圳的商业银行

20 世纪 80 年代,深圳先后成立两家商业银行:招商银行和深圳发展银行(简称"深发展",现为平安银行)。招商银行是国内第一家企业法人持股的商业银行;深发展是新中国第一家公开发行股票的股份制商业银行。

1. 招商银行

1984年4月,蛇口工业区成立了内部结算中心,并以此为基础在次年成立了蛇口财务公司。蛇口财务公司的成立进一步扩展了蛇口工业区的融资渠道,同时也扩大了结算中心的业务范围,使结算中心可以为工业区之外的企业服务。这是中国第一家企业内部结算中心和财务公司。

1985年秋,时任央行行长陈慕华来蛇口视察,在谈到蛇口工业区的财务制度改革时,招商局董事长、蛇口工业区管委会主任袁庚和副董事长、管委会副主任王世桢提出,我国政治体制和经济体制改革的步伐都很大、发展很快,但金融体制改革却很不够,除了工、农、中、建四大专业银行以外再也没有其他的商业银行。深圳经济特区迫切需要建立新的商业银行体系,才能适应发展的需要。蛇口工业区已经成立了自己的财务公司,能否在此基础上创建一家完全由企业持股,严格按照市场规律运作的中国式的商业银行?

1986年8月,央行批准试办招商银行,但行长人选难产,迟迟定不下来。最终,袁庚要求王世桢出任行长。王世桢笑称自己对金融一窍不通,但在袁庚的鼓励下,他开启了招商银行的创业之路。1957年,王世桢毕业于上海交通大学造船系,早年曾是中国远洋局涉外买船造船的高级工程师。他在金融领域并无太多经验,但在运作资金方面具有丰富的实践经验，曾接触过高达 50 亿美元的资金，与许多国际大企业和银行有过交集。

1987 年 4 月，招商银行挂牌成立。招商银行的创办，被认为是中国金融体制改革箭在弦上的历史选择，是蛇口基于得天独厚现实条件的一个伟大尝试。王世桢作为招商银行首任掌门人，为中国银行业的改革和发展做出了有益的探索。招商银行从一开始就突破计划经济体制与观念的束缚，借鉴西方商业银行的先进经验，率先建立了灵活、高效的经营管理体制，在革新金融产品与服务方面创造了数十个第一，取得了良好的业绩。成立数十年来，招商银行已成为沪港两地上市，拥有商业银行、金融租赁、基金管理、人寿保险、境外投行、消费金融、理财子公司等金融牌照的银行集团。截至 2024 年 6 月末，招商银行在中国境内设有 143 家分行（包含自贸区分行等）和 1794 家支行，覆盖 130 多座城市，在境外拥有 6 家分行和 2 家代表处，集团员工总数逾 11 万人。2024 年，招商银行在《财富》"世界 500 强"中位列第 179 位；在英国《银行家》杂志"全球银行 1000 强"排名中位列第 10 位。

招商银行自成立以来，一直谨记创办初期"为中国贡献一家真正的商业银行"的使命，始终坚持市场导向、客户至上、科技驱动、专家治行，以自身转型发展推动社会经济持续进步：率先推出全国通存通兑的"一卡通"，引领行业走出存折时代；率先实施 AUM（管理客户总资产）考核替代存款考核，引导社会财富从存款转向多元理财配置；率先探索投商行一体化服务模式，满足客户综合化差异化需求。

2. 深圳发展银行（现平安银行）

1987年11月，当深圳成立股份制银行的报告呈送给时任国务委员兼中国人民银行行长陈慕华时，她说："联合信用银行这名字不好，特区要发展，你们就叫深圳发展银行吧。"1987年12月，深圳发展银行正式成立。同年5月，尽管还没有拿到正式"准生证"，但深圳市政府依然决定，由中国人民银行深圳分行批准深发展首次以公募方式，采取自由认购办法，向社会公开发行39.65万股，每股面额20元，筹集资金793万元作为股本金。1988年4月，深发展股票首次在深圳经济特区证券公司挂牌，拉开了深圳股票交易的序幕。上市后的深发展以其独特的地位，一度成为中国早期股票市场上的风向标。对老一辈股民来说，深发展这个名字是他们一段刻骨铭心的股市记忆。

经历了成立初期的10年辉煌之后，深发展曾经的光环开始慢慢褪去。1998年，深发展开始出现大规模的不良贷款，深发展由此进入了长达7年左右的业绩低迷期。深发展的问题，既有外部因素如东南亚金融危机的冲击，也有内部原因如长期经营管理不善。为推动深圳金融业的进一步发展，2001年，深圳市政府提出将国有资产从金融类机构中退出，大胆引进国际资本和管理，推动本地金融机构改革的思路。作为深圳本地上市公司龙头的深发展，再次成为推进金融改革开放的试验田。2002年，在经历一系列纷争之后，深发展终于迎来外资第一大股东——美国新桥投资。当时，中国已经加入WTO，深发展首开先河，也是顺应中国金融业开放的历史潮流，翻开了中国金融业改革开放的新篇章。

战略投资者的引入为深发展注入了新的活力。数据显示，从2005年开始，深发展凭借持续的创新能力，各项业务取得了快速的发展。然而，私募基金在一定投资期限后都会考虑如何退出，而不是持续追加资本金投资，这就注定对于深发展来说，美国新桥投资的角色是财务投资者，而不是长远的战略投资者。在美国新桥投资入驻深发展后的几年里，尽管深发展各方面表现不错，但由于受到资本金的约束，在2005年到2010年的5年之中，深发展遗憾地错失了快速发展的战略机遇，被招商银行、兴业银行、民生银行等后起之秀甩在了后面。在美国新桥投资入股深发展近5年之际，深发展的股权结构也再次面临调整。

就在这个关键的时点，总部同样设在深圳的中国平安集团将目光投向了深发展。2010年5月，美国新桥投资将其所持有的深发展股份全部过户至中国平安名下，中国平安取代美国新桥投资成为深发展的第一大股东。此后，通过深发展向平安寿险非公开发行新股，平安集团将原平安银行注入深发展、深发展向平安集团非公开发行股份等一系列动作，平安集团完成了对深发展的收购。2012年1月，深发展和原平安银行通过议案，同意深发展吸收合并原平安银行，公司名称变更为平安银行股份有限公司。至此，一个全新的平安银行诞生了。有评价称，这一吸收合并，不仅是一场中国金融业历史上前所未有的大规模银行收购事件，同时也是中国银行发展史上无先例的银行整合案例。

被纳入平安版图之后，深发展获得新生。整合完成后，两行合并总资产达1.5万亿元，网点410家，零售客户2500多万户，公司客户20多万户，客户服务能力等得到大幅提升，两行各自的优势得到有效发挥，新平安银行从此跻身全国中型股份制商业银行的行列。

2016年下半年，平安银行拉开了零售战略转型的大幕，平安银行确立了"以零售为核心，打造领先的智能化零售银行"的总体愿景与核心战略，以及"科技引领、零售突破、对公做精"三大关键策略。经过多年的转型发展，平安银行从20世纪末一家濒临破产的银行发展到外资战略投资者入主的银行，再到领先的智能化零售银行，从当初的农村信用社到如今的综合金融平台，平安银行正以全新的面貌，继续书写着中国银行业发展变迁的历史篇章。

资料来源：作者根据两家银行官方网站和公开报道整理。

四、政府作用

在深圳经济特区建立之初,有一个形容特区体制的说法:"小政府,大社会。"这个说法可能未必准确。当我们回顾40多年来深圳市政府的实践时不难发现,在关键的时候,对关键的事项"出手",是深圳市政府的一个特点,它能更好地发挥政府的作用。这里,我们举两个例子来说明深圳市政府的这个特点,一个是20世纪80年代中后期,李灏主政深圳时推动的四项改革(见专栏3-7);另一个是20世纪八九十年代和21世纪前十年深圳市政府的三份文件。

◎ 专栏3-7

李灏和他提出的四项改革

1985年8月,时任国务院副秘书长的李灏,调任广东省副省长、深圳市市长;1986年5月,李灏任深圳市委书记兼深圳市市长。李灏是深圳经济特区早期改革的关键推动者之一。

1985年底,李灏在市长办公会议上提出了四项改革措施,分别是外汇调剂制度、国有资产管理、监察制度和城市规划的改革,对应成立了四个机构:外汇调剂中心、国有资产管理公司、监察局和城市规划委员会,作为四项改革的组织保障。

李灏回忆说:"最紧迫的改革就是建立外汇调剂机构,要清除、取消、解决外汇黑市的交易,取缔黑市。我来深圳的第一项改革,就是建立外汇调剂中心。"紧接着是进行国有资产管理改革。李灏说:"我们决定政企分开,把那些政府单位的企业通通集中起来,建立一个投资管理公司,专门负责管理国有资产……在这个基础上,我们先搭起架子,再开始实验国有企业经营股份制改革。"然后是建立城市规划委员会,将城市整体规划的主导权还给每座城市,"谁当市长谁就是规划委员会的主任,从我开始,到现在深圳还是这个传统"。建立监察局是一项行政体制改革。李灏借鉴新加坡反贪局、中国香港廉政公署的经验,在政府中设立了监察局,把干部队伍管好。

在接受《深圳口述史》编写组采访时,李灏动情地说:"这四项改革是我来深圳初期做的最重要的工作,在这四项改革的基础上,深圳后来的改革就多姿多彩了。"

这四项改革都是深圳在全国范围内率先做的。国有企业改革带动了所有制改革,具体就是股份制改革,私营企业合法化,进而推动民间科技企业发展和资本市场发育等。1986年,深圳推动深圳发展银行股份制改造,深圳发展银行成为中国首家允许个人持股的上市银行;深圳推动招商局、万科等企业引入董事会、监事会治理结构,进行建立现代企业制度的大胆尝试。外汇调剂和交易制度的建立，实质上就是开了要素市场改革的先河。"三来一补"的发展，没有外汇在一定范围的自由调剂和交易是不可想象的。此后全国范围的城市规划局和监察局的建立，都是和深圳的做法和经验分不开的。李灏主导的四项改革突破，为深圳建立社会主义市场经济体制和全国性制度改革探索奠定了基础，提供了借鉴。

<small>资料来源：戴北方，《深圳口述史（上卷）》，海天出版社2017年版，第4-13页。</small>

1.《深圳市人民政府关于鼓励科技人员兴办民间科技企业的暂行规定》

1987年2月4日，深圳市人民政府正式发布18号文件《深圳市人民政府关于鼓励科技人员兴办民间科技企业的暂行规定》。这是我国首个鼓励科技人员以"个人所拥有的专利、专有技术、商标权等工业产权作为投资入股"创办民间科技企业的"红头文件"。其宗旨是"充分发挥科技人员的积极性，促进科研与生产直接结合，发展外向型的先进技术特别是高技术产业"，而"民间科技企业在自愿的原则下，可吸纳其他国有企业和集体企业的股份；经深圳市有关部门批准后，民间科技企业亦可吸纳海外投资者和涉外企业的股份"，民间科技企业不仅"享有其他类型企业的同等权利"，在税务减免、申请贷款、外贸内销上还享受优惠政策。这标志着，深圳在国内率先突破当时还很僵化的计划经济体制，打开了民营科技企业创业的大门，从而为民营科技企业搭建起了最初的政策支撑平台。

在"深圳大事记"里，有这样一句话："1987年，深圳市政府18号文件明晰了民营企业产权，华为在深圳创立。""一家民营科技公司从深圳最低的门槛起步，如今登上了中国高科技企业的珠穆朗玛峰。深圳也从最低的门槛出发，迈向全球创新之都。而只要提及华为的创业史，任正非就会发出命运的感叹，'如果没有18号文件，我们就不会创办华为'。"⊖

2.《关于进一步扶持高新技术产业发展的若干规定》

1998年1月，深圳市人民政府发布了29号文件《关于进一步扶持高新技术产业发展的若干规定》。"这就是当时在全国产生轰动影响的高新技术产业发展的'二十二条'，为科技创新提供土地、资金、税收、财政补贴等优惠政策，有效降低创新的门槛，推动创新成果产业化，扩大创新的获利空间。这一决策，充分发挥了深圳改革开放先行一步形成的体制机制优势，再次吸引了国内外自主创新的资源。"⊜有人

⊖ 陈启文:《为什么是深圳：长篇报告文学》，海天出版社2020年版，第66页。

⊜ 陈启文:《为什么是深圳：长篇报告文学》，海天出版社2020年版，第178页。

说，1998年是深圳市扶持和推进高新技术产业的发力之年。

无独有偶，1998年也是中国互联网黄金年代的开启之年。就在这一年的11月11日，深圳市腾讯计算机系统有限公司正式注册成立。"这在当时是一件微不足道的小事，而在未来，又是一件载入了'深圳大事记'和中国互联网发展史乃至世界互联网发展史的大事。""这份'红头文件'(指'二十二条')对于马化腾和腾讯的意义，一如1987年深圳市政府'18号文件'对于任正非和华为的意义，而且进一步深化和提升了。马化腾后来说：'在（深圳）这座开放创新、充满机遇的城市里，我赶上了互联网快速发展的时代，萌发了通过互联网改变人们生活的梦想，从而踏上了创业的道路。'"㊀

3.《中共深圳市委深圳市人民政府关于实施自主创新战略建设国家创新型城市的决定》

2006年1月，深圳市委、市政府出台1号文件《中共深圳市委深圳市人民政府关于实施自主创新战略建设国家创新型城市的决定》。文件明确指出，要加快建设"深港创新圈"，并专门设置一节，论述如何建设深港创新圈。这是深圳市政府层面首次正式提出"深港都市圈"的概念。深圳市科技局原副局长张克科认为，深港创新圈比早期提出的河套地区有

㊀ 陈启文：《为什么是深圳：长篇报告文学》，海天出版社2020年版，第179页。

更强的扩展性，扩展性有以下两种实现方式：一是把平台建设和机构合作作为重点项目，如高新区虚拟大学园、集成电路设计基地等，同时也加强与高校以外的公共平台合作，如香港创新署、香港生产力促进局等；二是把河套地区的重大项目、创新人才和各项资源都能够投入进去。因此，深港创新圈既加强了现有深港合作，又为未来深港合作描绘了蓝图。

2022年6月30日，在香港回归25周年前夕，习近平总书记前往香港科学园视察。面对河套深港科技创新合作区的沙盘，时任香港特别行政区行政长官林郑月娥向总书记报告："一河两岸，创新科技，看来这里的前景比硅谷还要好。"总书记希望香港发挥自身优势，汇聚全球创新资源，与粤港澳大湾区内地城市珠联璧合，强化产学研创新协同，着力建设全球科技创新高地。

当我们重新审视深圳发展进程中的政府作用时，不难发现，在扶持和推动创业创新，发展高科技产业和战略性新兴产业的过程中，深圳市政府的作用不是对企业行为的管制和干预，而是提供实实在在的支持和帮助，切实有效地改善营商环境，完善创新和产业生态，因此，政府的作用基本是正面的、积极的。

在创新和产业生态中，政府的作用主要表现在通过完善营商环境提供政府公共服务。从这个意义上说，营商环境是创新和产业生态的组成部分（见专栏3-8）。

◎ 专栏 3-8

更好发挥政府作用的深圳实践

深圳作为中国改革开放的试验田，始终在探索政府与市场关系的动态平衡。深圳的经验在于以"有效市场"为目标，通过"有为政府"破除体制机制障碍，在法治保障、引导创新和优化服务中实现"强市场"与"强政府"的有效协同。更好发挥政府作用的深圳实践主要有三个方面的重要内容。

第一，立法权先行，法治保障维护公平竞争。

1992年7月1日，第七届全国人大常委会第二十六次会议通过《全国人民代表大会常务委员会关于授权深圳市人民代表大会及其常务委员会和深圳市人民政府分别制定法规和规章在深圳经济特区实施的决定》。"深圳经济特区拥有立法权以后，首先研究了市场主体——企业立法。原来国家立法是按照所有制立法，如国有经济、集体经济、民营经济。我们按照企业的组织形态立法，如股份有限公司条例、股份合作公司条例、有限责任公司条例、合伙公司条例。这样一来，就保证了各种形态的企业在市场经济中能够公平竞争。"[一]近年来，深圳利用特区立法权，先后制定《深圳经济特区个人破产条例》《深圳经济特区数据条例》等创新性法

[一] 深圳市政协文化文史委员会编：《深圳口述史·科技篇（上）》，深圳出版社2023年版，第4-5页。

规，为全国提供制度样本，探索了一个又一个成功案例。

第二，服务市场主体，降低交易成本。

其主要措施有以下三个方面：

（1）推动商事登记改革，首创"全流程电子化＋证照分离"，企业开办时间从15天压缩至0.5天。当年市场主体密度居全国第一（每千人企业229家）。

（2）科技赋能，创新链全周期支持。加大基础研究支持力度，投入30%以上财政科技资金支持大科学装置；设立天使母基金，规模100亿元，撬动社会资本超400亿元，形成"政府引导基金＋市场化风险投资"生态。

（3）企业梯度培育，"专精特新"政策包。对国家级"小巨人"企业给予最高500万元奖励。2023年，深圳"专精特新"企业数量达4437家，占全国的8%。华为、腾讯等龙头企业"链主"计划：政府协调产业链上下游协同，2023年，半导体国产化率提升至30%。

第三，创新管理方式，提升市场效率。

其主要措施有以下两个方面：

（1）推动数字化政务革命，政府职能切实从管理者转为服务者。"i深圳"app集成政务、医疗、交通等2000余项服务，实现"掌上办"覆盖率达98%，用户超1800万；实现政策精准推送，利用大数据分析企业需求，2023年主动向企业推送政策补贴信息超过120万次，兑现资金超过300亿元。

（2）实施"包容期"管理，对新业态如无人驾驶、跨境电商，设置1～2年的"观察期"，非重大安全问题以指导代替处罚，2023年豁免处罚案例超过2000件；优化信用监管体系，建立企业信用画像，对高信用企业"无事不扰"，对低信用企业重点监管，2023年跨部门联合抽查比例下降40%。

政府作用的有效实践为打造深圳的营商环境做出了积极贡献。深圳的营商环境在中国一线城市中具有显著特色，其市场化程度、创新活力和民营经济占比均位居前列，但与北京、上海、广州、杭州等城市相比，优势和不足并存。深圳完备的产业链供应链、高密度风险投资、宽松的容错环境和数字化转型支持等，仍是创业尤其是硬科技创业的首选。但是，在用地和生活成本、土地开发强度、基础研究和公共服务等方面，深圳还存在短板。

深圳的实践表明，更好地发挥政府作用的本质是通过制度创新降低交易成本，通过精准服务提升市场效率，通过法治保障维护公平竞争。这一模式不仅成就了深圳速度，更为中国式现代化提供了城市治理的鲜活案例。

资料来源：作者根据公开报道和相关文献整理。

第四节　深圳的创新和产业生态具有标杆性

深圳的创新和产业生态在当下的中国具有标杆性，其特征是，"物种"多样且强大，"网链"完整且坚韧，"养料"

充分且健康。特别是市场主导+政府服务的制度特征，堪称国内城市中的典范。

1."物种"多样且强大

战略性新兴产业的"头部"企业，如新能源汽车行业的比亚迪、电子信息技术行业的华为、互联网行业的腾讯、生物科技行业的华大基因、新材料行业的光启技术、节能环保行业的研祥智能、高端装备（无人机）制造行业的大疆创新、医疗器械行业的迈瑞医疗、超高清视频显示行业的TCL等，是深圳创新和产业生态的强大"物种"。在其他新兴行业，深圳还有许多"头部"科技型企业。在这个生态中，众多冠以"专精特新"和"高新技术"的企业，以及大量0—1阶段的初创企业，共同体现了深圳创新和产业生态的物种多样性和强大生命力。关于"物种"的多样性对于生态系统的重要性在《硅谷生态圈：创新的雨林法则》一书中有具体的讲述（见专栏3-9）。

◎ 专栏 3-9

基石人物、灰狼和生态系统

《硅谷生态圈：创新的雨林法则》被认为是研究创新生态的经典著作。该书的两位作者维克多·黄和格雷格·霍洛维茨，都是浸淫在风险投资行业多年的投资家。他们在书中特别推崇创新生态系统中的"天才"，亦即基石人物。基石人物产生于创业者。他们认为，创业者有着和大家想象中不太一样的三大特点：创业者并不是承担风险的人，而是寻求机会、管理风险的人，是风险的计算者。健康的雨林可以增加创业者的成功概率；创业者必须学习知识，并用不同于传统商人的方式运用这些知识，他们是非线性的思考者。雨林则帮助创业者获取更好的信息；更重要的是，创业者不是在教室里教出来的，在战场上做决定的能力决定创业者的胜败。

基石人物在具备上述特点的基础上，还有三个重要特质，即整合力、影响力和冲击力。基石人物可以创造更大价值的原因是他们是社会信任的中介，特别在信任缺失或稀缺的时代，基石人物的价值更加凸显。基石人物扮演的是联络社会各界的角色，他们的作用不仅限于创新的热带雨林。社会规范需要信任，而形成足够使社会规范发展并延续的社会信任并不容易。热带雨林有了这些规范才能繁荣。当企业家的创新远离增加成本的法律合同，并趋近于成本较低的社会规范时，企业就会发展得更好。基石人物是维系规范、建立信任的枢纽。现在人们看得很清楚，好的生态系统必有一批基石人物，他们和他们领导的企业是使系统得以持续的强大物种。

1995年，美国国家公园管理局引进了33对灰狼到黄石公园。灰狼的主要猎物是麋鹿，如果没有灰狼的捕杀控制，麋鹿数量将出现爆发式增长。麋鹿的胃口很大，吃掉了黄石公园的许多植物景观。引进灰狼6年后，黄石公园的山丘峡谷又重新变得绿意盎然，这也有助于水土保持，避免河堤崩塌。鸟儿的婉转啼鸣又回来了。熊、老鹰、乌鸦的数量也有所增长，这些动物以被狼猎杀的麋鹿腐肉为食。灰狼的出现也让郊狼的数量有所减少，狐狸、老鹰、鼬鼠、土豚的数量也随之上升。海狸的数量逐年上升，它们会为自己筑造堤坝，公园又出现了沼泽，这也让水獭、麝鼠、鱼和青蛙的数量有所增加。海狸的堤坝降低了水流速度，让固沙植被有了良好的生长环境，同时也改善了水质。

重新把灰狼引入黄石公园的生态系统，相当于在一个紧密协作的生态中重置一个关键物种。灰狼的回归将不计其数的其他物种带回到良性的平衡，也让整个系统重焕健康。创新生态系统中的基石人物，就有类似黄石公园中灰狼的作用。黄石公园引入灰狼的实践还表明，对生态系统的适度干预有时是必要的。

资料来源：维克多·黄，格雷格·霍洛维茨，《硅谷生态圈：创新的雨林法则》，诸葛越等译，机械工业出版社2015年版；乔纳森·罗斯，《什么造就了城市的前世今生以及未来的可能》，谢幕娟译，北京时代华文书局2021年版。

2. "网链"完整且坚韧

深圳在产业链、配套链（产品链）、供应链和创新链等环节具有显著优势，并且在很多方面优于其他一线城市。深圳拥有全部 31 个制造业大类，形成了梯次型现代制造业体系。深圳的产业链从原材料供应到最终产品的生产都有相应的产业支撑和"链主"企业带动。深圳的配套体系非常完善，不仅在硬件制造方面有着丰富的资源，还有众多的设计、研发、检测、认证等相关服务企业，能够快速响应市场需求变化。深圳有超过 4000 家供应链服务企业，占全国总量的 80% 以上。深圳拥有大量的国家级高新技术企业、孵化器、众创空间等创新载体，为企业提供了良好的创新环境，且研发投入占地区生产总值的比例在全国城市中最高，并将创新链延伸到基础研究和应用基础研究，整合了创新链全流程。

3. "养料"充分且健康

深圳是中国最具创新创业活力的城市之一，在创投资本、社会资金、公共服务等方面为创新创业提供了良好的条件。深圳私募基金业协会发布的《深圳私募股权创投基金行业 2023 年度发展情况报告》显示，截至 2023 年末，深圳存续私募创业投资基金只数与规模同比增长 20.2%、14.7%，其只数、规模增长率已连续 5 年超 10%。深圳在社会资金方面也为创新创业提供了较大的支持。例如，2023年深圳设立了规模为100亿元的天使投资引导基金，以引导社会资本投向天使期、初创期的企业。此外，深圳还通过税收优惠、贷款贴息等方式，鼓励企业加大研发投入，提高自主创新能力。深圳拥有完善的科技金融服务体系，能够发挥包括优化科技信贷体制机制、扩大科技型企业债券发行规模、强化科技保险的作用、强化重点领域金融服务等在内的作用。

特别需要指出，深圳创新和产业生态具有"市场主导+政府服务"的鲜明特征。2020年9月，新华社的两位记者写了一篇报道《企业唱主角——深圳"6个90%"的创新密码》。他们写道："在珠江入海口东岸，深圳这座拥有超过300万商事主体的都市，4.2%的研发投入占比达到世界先进水平，数百万企业形成了'6个90%'的独特创新现象：90%以上的创新型企业是本土企业，90%以上的研发机构设立在企业，90%以上的研发人员集中在企业，90%以上的研发资金来自企业，90%以上的职务发明专利出自企业，90%以上的重大科技项目发明专利来自龙头企业。"这6个90%从原因和结果结合的逻辑上，说明深圳创新和产业生态的市场主导，那么，政府服务呢？

根据调研访谈和长期观察，深圳各级政府在自身职能上的价值取向是，政府服务于城市的核心竞争力，深圳的核心竞争力是创新,创新的成功率在生态,那么,政府就必须更好地对创新和创新生态发挥作用。随着经济体制改革的全面深化,政府对产业发展的直接干预趋于减弱,具有专业化水准的预见能力、协同能力,以及基于这些能力的实际操作,成为考量政府对于产业发展所发挥的作用的标尺。在这一点上,更好地发挥政府作用在深圳显示出的效果是有目共睹的。

在中国,科技园区和产业园区就像政府与企业之间的一种介质,一个中间体。就创业创新、新兴产业发展而言,园区生态、产业链和创新链成为政府发挥作用的重要载体。例如,深圳湾科技园区(见专栏3-10)、张江高科技园区和北京经济技术开发区等园区,都典型地表现出政府作用于市场和市场主体的这一特征,生态系统中人才、资本和营商环境等问题因此而得到解决。城市政府的作用集中到一点,就是培育创新和产业生态。

◎ 专栏3-10

深圳湾科技园区

"北有中关村,南有深圳湾",说的是中国两个最具代表性的科技园区。中关村科技园区由"大院大所"模式发端,深圳湾科技园区肇始于"自主创新"模式。时至今日,深圳自主创新模式的特征集中表现在三个方面：第一，企业是科技创新主体，并且出现了更多的从生产型、服务型企业转型而来的科技型企业；第二，科技型企业的创新链延伸到基础研究和应用基础研究，整合了创新链全流程；第三，科技型企业打通并衔接了科技创新与产业创新，战略性新兴产业和未来产业得以较好较快发展。具体的数据表现，就是人们常说的"6个90%"。

深圳湾科技发展有限公司（简称"深圳湾科技"）原董事长邱文在《深圳创新密码：重新定义科技园区》一书中专节讲述"深圳湾科技园区的由来"。我复述其中几个重要节点，以厘清深圳湾科技园区的发展逻辑，以及自主创新模式在这个过程中的体现。

第一个节点，"1984年，时任中国科学院副院长周光召院士从美国回来，与时任深圳市主要领导商量，认为深圳应该向美国学习以科技园区发展科技产业的经验，得到了深圳市领导的高度认同"。

第二个节点，"1985年，由深圳市政府和中国科学院共同创办的深圳科技工业园总公司在现在的深圳高新区中区正式成立，成为中国较早的科学园区，这也是深圳高新区最早的起源，同时也是深圳走向科技产业的第一步"。

第三个节点，"1993年，为进一步推动科技园区发展，时任深圳市主要领导提出建设高新技术工业村支持民营科技企业发展,并在市经济发展局下成立了深圳高新技术工业村发展公司,共组织了23家重点民营科技企业进驻深圳高新技术工业村。之后深圳高新技术工业村发展公司经过历次改革及划转,最后成为深圳湾科技的下属公司(划转前已更名为深圳高新区开发建设公司)。因此,从一定意义上来说,深圳高新技术工业村发展公司可以称为深圳湾科技的前身"。

第四个节点,"深圳高新区于1996年正式报批成立……深圳高新区以占全市不到0.6%的土地面积创造了约10%的GDP,诞生了华为、中兴通讯、腾讯等诸多知名企业,成为全国创新资源最为集聚、创新成果最为显著、创新氛围最为浓厚、创新环境最为优越的区域之一。20多年来,深圳高新区成为深圳创新发展名片,成为深圳高新技术产业发展的旗舰。位于深圳高新区的深圳虚拟大学园汇聚了50多所海内外著名院校,依托大学的人才和技术,成为深圳高层次人才培养、重点实验室建设、科研成果转化和产业化基地。由政府兴办的国家集成电路设计深圳产业化基地、深圳国家电子工业试验中心、国家超级计算深圳中心、虚拟大学园孵化器、留学生创业园等聚合创新资源,推动了大量中小科技企业快速成长"。

第五个节点,"2011年,深圳市政府计划将深圳高新区最后的黄金地块出让给市属国企,用于开发建设深圳湾科技园区,并计划将正在建设的两个政府重点科技园区同步移交市属国企开发运营。这一举打破了传统的主要以直接出让给个别科技企业的用地模式,能够在有限的土地资源上建设更多的优质产业用房,支持更多中小创新企业发展。……在时任深圳市政府主要领导及分管领导的主导下,项目最终还是确定由'深投控'承接"。

邱文问道:"如果当年没有市政府力主市场化、专业化开发深圳湾科技园区,而是按传统方式出让土地,或者继续按照政府投资建设科技园区的模式进行开发,那今天的深圳高新区又会是怎样一番境况呢?"这个结果不好预测。但深圳的市场化、法治化大环境,终将催生出与园区发展相适应的模式。这就是今天我们看到的深圳湾科技园区模式。

深圳湾科技园区的诞生,意味着深圳高新区逐步走向产业生态创新的全新阶段。邱文认为,深圳湾科技园区有两点非常重要,一是园区开发运营模式,二是用地模式的改革。这是深圳湾科技园区独树一帜的基本点。为此,他将中国科技园区的组织模式归为三种。第一种,政府及政府园区平台模式,包括少数纯财政投资模式,大多是政府园区平台模式,最典型的是管委会+园区平台公司模式。第二种,市场化模式,主要包括国企产业地产公司及民营产业地产公司,还有一类混合所有制科技园区公司。第三种,深圳湾科技园区模式。他强调,深圳湾科技园区"打造园区产业生态系统,构建园区产业资源平台,实行园区产业专业运营,将非常有可能形成创新的科技园区商业模式,也非常有可能形成一个创新的高端服务行业"。这个"高端服务行业"就是我们现在所说的"产业园区行业"。

资料来源:作者根据《深圳创新密码:重新定义科技园区》(清华大学出版社,2021年)相关内容整理。

04

CHAPTER 第四章

创新
城市永动的不竭源泉

深圳建立经济特区后的一个时期,"野蛮生长"即要素驱动是动力转化,这是体制转型带来的一种动力转化。进入新世纪,深圳义无反顾地步入创新驱动,创新驱动也是一种动力转化,是从传统要素驱动转到新质要素驱动。二者的区别是,前者的动力源泉会枯竭,而后者的动力源泉是永续的。正因为创新驱动是永续的,所以,这个过程将是 N 个阶段。

以深圳的发展为例,第一个阶段是产业创新阶段,当下深圳的发展正在进入第二个阶段,即科技创新和产业创新融合发展的阶段。在这个阶段,也会因融合深度不同,分为前期、中期和后期。也就是说,现阶段深圳科技创新和产业创新的融合处于起步态势,要深化即深度融合,还需要很多的探索和试错。至于二者深度融合了,一体化了,创新再往哪个方向发展,我们尚不得而知。但这正是人类社会经济发展充满不确定性,需要创业者、企业家不断试错和进取的精妙之处。

第一节　转型升级要从创新中寻求新动能

与国家发展动能及其转化的逻辑大致一致，深圳起步的20年，从20世纪80年代初到21世纪初，基本是"野蛮生长"的20年，是要素驱动、投资驱动的20年。不过，深圳较早实现了向创新驱动的转化，步入了产业创新的20年。

习近平总书记关于新常态的理论，深刻地阐述了这一动能转化的特点，以及将带来的发展机遇。2014年5月10日，习近平在河南考察时首次明确提出新常态。他指出：我国发展仍处于重要战略机遇期，我们要增强信心，从当前我国经济发展的阶段性特征出发，适应新常态，保持战略上的平常心态。同年11月9日，习近平在北京召开的亚太经合组织工商领导人峰会开幕式的演讲中，集中阐述了我国经济发展新常态下的三大特点，包括：速度变化，即经济增长速度从高速转向中高速；结构优化，即经济结构不断转型升级；以及动力转化，即经济发展动力从要素驱动、投资驱动转向创新驱动。演讲指出，新常态将给中国带来新的发展机遇。

2014年12月9日，习近平在中央经济工作会议上详尽分析了中国经济新常态的趋势性变化，并指出：我国经济发展进入新常态，是我国经济发展阶段性特征的必然反映，是不以人的意志为转移的。认识新常态、适应新常态、引领新常态，是当前和今后一个时期我国经济发展的大逻辑。这一论断将新常态提升到国家战略层面。

2015年3月30日,在同出席博鳌亚洲论坛年会的中外企业家代表座谈时,习近平进一步对新常态下实现经济新发展、新突破提出了明确要求。他强调,中国经济发展已经进入新常态,向形态更高级、分工更复杂、结构更合理阶段演化,这是我们做好经济工作的出发点。

新常态的出现和形成不以人的意志为转移,说明它是一个规律性的现象,是经济活动遵循着演化的客观规律,向新的更高进阶发展。自20世纪30年代凯恩斯革命后,经济学尤其是宏观经济学理论研究了这个基本过程和其间的原理。凯恩斯革命的意义在于其揭示了市场并不能自动出清,有效需求会出现不足的经济事实。凯恩斯的宏观经济学和宏观经济政策聚焦短期总需求偏离潜在总供给的现象,提出总需求管理、逆周期调节的政策主张。凯恩斯以后,经济学的重要发展聚焦在经济增长理论方面,研究长期总供给水平即生产率的提高及其原因。这就将问题归结到了供给侧。这与提出新常态和供给侧结构性改革的逻辑是一致的。

经济大循环,或者说国内国际双循环,其基本的学理就是供需关系。首先,在短缺经济即供不应求的条件下,要以需求为导向,需求决定供给是主导的、决定性的;在过剩经济即供大于求的状态下,要强化供给创新,供给创造需求将在很大程度上成为平衡供需状态的因素。其次,就静态的供需关系而言，消费需求是第一性的；在动态的供需关系中，内在供给创新的投资需求对消费需求有着拉动和促进作用。因此，国内大循环既要扩大最终消费，又要以供给创新、有效投资实现潜在需求和满足新需求。

在新产品、新服务和新业态层出不穷的新经济时代，科技创新和产业创新创造消费需求，并通过投资需求，尤其是数字基础产业、绿色基础产业和公共服务基础产业的投资，具体实现创造需求的过程。这是新经济时代，需求和供给间关系，即消费、投资和创新间关系的重要特征。供给创新是新发展格局的原动力，是实现新发展格局的关键途径。

第二节　深圳正在发生融合创新的积极变化

近一段时间以来，在各类科创排名榜单中，深圳都表现不凡。从颠覆性指数到金融中心指数，无论是科创本身，还是支持科创的相关配套要素，深圳都位居全球第一梯队，已然成为全球创新资源高度聚集的国际化大都市。

1. 重大技术突破显著

2024年浦江创新论坛，上海市科学学研究所发布《2024"理想之城"：基于颠覆性指数的全球科技创新中心城市研究报告》。报告显示，在全球20座科创中心城市中，深圳位列第8位，香港、上海、北京分别位列第11、14和15位。深圳在颠覆性指数排名中位居中国城市首位，这充分说明深圳在原创性技术、颠覆性技术等一系列重大技术突破方面已经能够比肩全球前沿。

2. 顶尖人才密集汇聚

2024年11月，斯坦福大学与爱思唯尔联合发布第七版"全球前2%顶尖科学家"榜单，深圳高校有超660名学者上榜，他们广泛分布于计算机科学、材料科学、生命科学等领域，多所大学上榜人数创新高。深圳上榜学者中70%来自本土高校，其中深圳大学（243人）、南方科技大学（193人）表现最为亮眼，如图4-1所示。由此表明，深圳建设研究型大学的努力有了实质性进步，依托高等院校，深圳正在成为全球顶尖人才密集汇聚的城市。

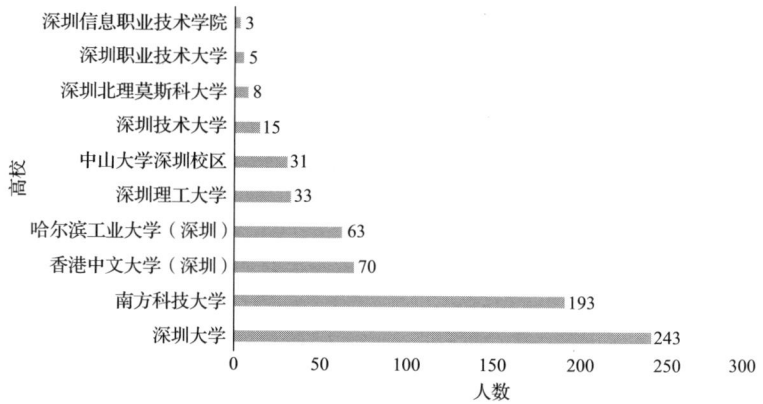

图4-1 2024年深圳主要高校入选"全球前2%顶尖科学家"人数
资料来源：作者根据公开资料绘制。

3. 产业创新加速领跑

2023年11月,上海交通大学深圳行业研究院发布《全球城市产业创新指数报告》[一],排名显示,深圳超越旧金山、北京、纽约和伦敦,产业创新能力位居全球城市之首(见图4-2)。其中,深圳的产业创新产出和产业创新绩效分别位列第1和第3,体现了深圳将创新成果产业化的卓越能力。产业创新不仅支持深圳产业集群的发展,同时也为深圳的科技创新提供强大的支持。

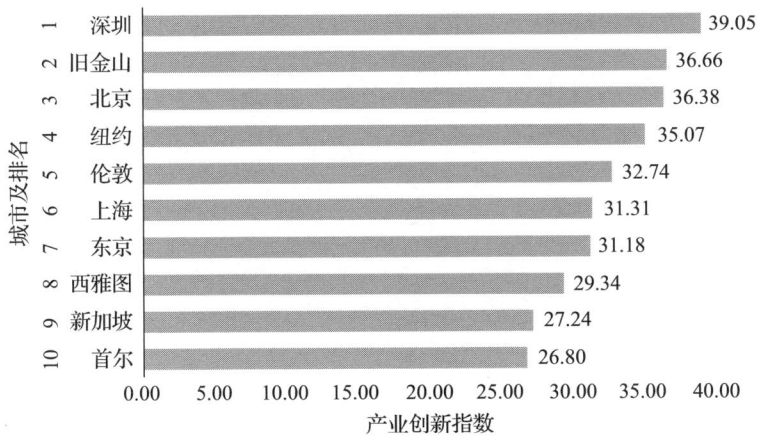

图4-2 2023年全球城市产业创新指数排名前10位

资料来源:上海交通大学深圳行业研究院,上海交通大学中国发展研究院.全球城市产业创新指数报告[R].2023.

4. 金融科技深度赋能

2024年9月,英国智库Z/Yen集团与中国(深圳)综

[一] 陈宪等著:《创新之城:谁在引领强城时代》,机械工业出版社2024年版,第二章。

合开发研究院联合发布的《第36期全球金融中心指数报告》显示,深圳较上期排名上升2位,位居第9,首次进入前10位。其中,深圳金融科技位列全球第3,仅次于纽约和伦敦。深圳金融科技的实力正在不断提升,对科技创新和产业创新的支撑力度不断增强。

5. 研发投入高效支撑

深圳2023年全社会研发投入约为2237亿元(见图4-3),占地区生产总值比重达6.46%,其中企业研发投入占比约为93.3%。企业自主创新是深圳创新的最大特色之一,深圳形成了以头部科技型企业为主体的产学研用深度融合的创新支撑体系。

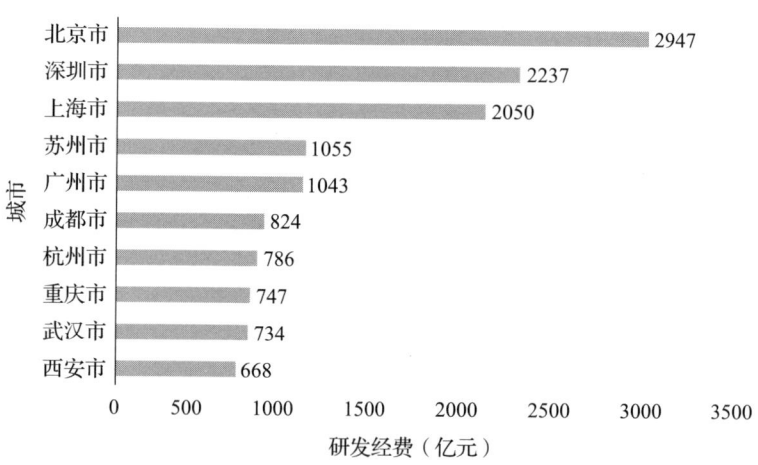

图4-3 2023年国内城市研发经费投入前10位

资料来源:作者根据各城市统计局数据绘制。

第三节　深圳科技创新和产业创新融合的新路径

2023年11月,习近平总书记在上海强调:"大力推进科技创新,加强科技创新和产业创新深度融合,催生新产业新业态新模式,拓展发展新空间,培育发展新动能。"近年来,深圳在加快推进科技创新,加强科技创新和产业创新深度融合方面取得了显著进展,已成为牵引大湾区科技创新和产业创新融合发展的关键引擎。

在创新资源高度集聚的同时,深圳走出了一条科技创新和产业创新融合发展的道路,并实现了从"跟跑、领跑"到"定义赛道",从"链式升级"到"生态重构",从"技术突破"到"规则输出"的完美蜕变。科技创新和产业创新融合发展的过程实际上就是深圳新质生产力形成的过程,这种由技术革命性突破、生产要素创新性配置、产业深度转型升级而催生的先进生产力质态,是深圳成为国际科技创新中心和全球标杆创新城市的底气。

一、基础研究与产业应用深度联动

一般而言,创新活动可分为四种主要类型:

(1)"从0到1"的原创性基础研究。

(2)"从1到100"的应用型放大研究。

(3)"从100到10 000"的产业型生态研究。

（4）"从 10 000 到 0"的反向型理论研究。

第一种属于自由探索和纯兴趣导向类，聚焦科学发现层面，具有基础性、颠覆性和引领性，也具有不确定性。

第二种属于应用研究类，在他人研究发现、发明的基础上，结合应用场景需求进行扩展研究，推动基础研究成果走向应用，这是大多数科研人员从事科技创新的主要类型。

第三种是模式和业态研究类，在已有的产品基础上，根据商品周期和链条进行新业态、新模式和新相关产品的开发，形成一个完整的产业生态。

第四种是需求牵引类，目标导向很明确、重大需求很急迫，科研人员通过集中科技攻关，突破核心指标、实现装备应用后，再回过头来"细嚼慢咽"，梳理和凝练技术瓶颈背后的核心科学问题。

深圳作为中国创新驱动发展的标杆城市，近年来通过系统性布局基础研究与产业应用联动机制，构建了"源头创新—技术攻关—成果转化—产业集群"的全链条联动机制，形成了"4 个 90%"（90% 以上的研发机构、人员、投入、专利来自企业）的独特创新体系。具体来看，主要表现在以下三个方面。

一是全力保障原创性基础研究。

比如，深圳以立法形式强化基础研究投入，2023 年全市基础研究经费达 96 亿元，占财政科技支出比重从 2018 年的

5.58%提升至21%。政策层面，深圳推出《深圳经济特区科技创新条例》，且明确"市人民政府投入基础研究和应用基础研究的资金应当不低于市级科技研发资金的百分之三十"，并首创"悬赏制""赛马制"项目组织方式。2021年，深圳市发布"20+8"产业集群计划，围绕半导体、生物医药等方向设立总规模千亿元的产业基金，其中30%定向支持基础研究产业化项目。

二是机制探索绕开"死亡之谷"。

科技成果无法放大投入应用，导致科技成果与产业应用之间出现断层，是基础研究和产业应用之间的"死亡之谷"（valley of death），是导致很多基础研究成果无法实现产业升级的重要障碍。

深圳通过探索机制创新规避"死亡之谷"，比如探索"楼上楼下"的创新模式。在此模式下，深圳湾实验室（生物医药）与华润三九共建"产学研大厦"，华润三九研发团队与实验室科学家共享空间，联合开发抗肿瘤新药，3年内共推动5个一类新药进入临床。与此同时，深圳探索成立新型研发机构，联合基础研究和产业应用，清华大学深圳国际研究生院与比亚迪合作成立"超材料联合实验室"，研发的电磁屏蔽材料应用于比亚迪新能源车，实现降低电磁辐射30%，2023年带动相关产值超50亿元。2022年，深圳技术合同成交额突破1500亿元，其中企业吸纳高校院所成果占比达68%。

三是产业应用正在反哺科技创新。

深圳产业创新产生的利润正在进入高校，成为高校基础创新经费的重要补充，深圳积极探索"高校＋龙头企业＋高水平科研机构"相互融合的学科共建共享新机制。产业创新形成的新需求、遇到的新问题，也正在成为基础创新的热点方向。产业应用形成的人才基础，正在进入高校、科研院所，成为创新的动力源泉。根据《中国创新人才指数2023暨核心指标走势2021—2023三年对比分析》报告，深圳的创新人才发展水平连续三年稳居全国第三，在创新人才规模方面，深圳高居"人才引进与流动"指标全国榜首。

二、要素配置与创新需求交互匹配

无论是科技创新还是产业创新，都是一项系统性工程，其成功需要多种要素的合理配置、协同支撑。从全球主要创新城市的创新实践来看，创新生态的构建需围绕"人、财、物、制、环"五大维度展开，人才是创新活动的根本动力，资金支撑是创新链条的血液，基础设施是创新的物理载体，制度环境是创新活动的重要保障。

深圳通过精准匹配人才、资金和平台三大核心要素与创新需求，构建了"市场牵引、政府搭台、企业唱戏"的创新资源配置体系，成为全球要素配置效率最高的创新城市之一，其具体表现在以下几个方面。

一是人才配置强调精准引进与产教融合。

例如，通过"孔雀计划"等靶向引进全球顶尖人才，对入选者最高给予 3000 万元资助，2023 年累计引进海内外高层次人才超 2 万人，其中诺贝尔奖得主、院士等顶尖科学家共 168 人。深圳建成人才住房 15 万套，提供"3 折购房""免租公寓"等政策，2023 年为 2.3 万名科技人才节省居住成本超 50 亿元。深圳通过校企联合培养实战型人才，创立"企业导师制"：华为与深圳大学共建"智能基座"学院，每年培养 1000 名芯片设计人才，毕业生起薪达行业平均水平 2 倍；大疆联合深圳技师学院开设无人机专业，该专业累计输送约 5000 名工程师，支撑大疆全球市场份额超 70%。

二是资金配置强调全周期覆盖与风险共担。

深圳善于发挥政府基金"四两拨千斤"的作用，以 100 亿元财政资金撬动社会资本超 500 亿元，累计投资早期项目 1500 个，孵化出奥比中光（3D 视觉独角兽）、思谋科技（工业 AI）等 23 家上市企业，长期实践中逐渐形成"投贷联动"的创新机制，并设立了全国首个科技金融联盟。2023 年，深圳市发放科技贷款超 8000 亿元，微众银行通过大数据风控为 1.2 万家科技小微企业放贷，坏账率仅为 0.8%。同时，深圳支持社会资本深度参与，拥有全国约 1/3 的创投机构，红杉、深创投等管理资金超 2.5 万亿元。2023 年，深圳硬科技领域投资占比从 40% 提升至 65%。

三是设施配置强调开放共享与场景驱动。

深圳的大科学装置精准对接产业需求，鹏城实验室建成全球最大 AI 算力平台"鹏城云脑"（2000PFlops 算力），向企业开放超算资源。华为昇腾 910 芯片在此完成测试，性能提升 40%，支撑其 AI 服务器市场份额跃居全球第二。光明科学城的合成生物大科学装置已服务企业超 200 家，蓝晶微生物利用该平台将 PHA（生物材料）研发周期从 5 年缩短至 2 年，使生产成本降低 60%。深圳鼓励企业建设场景开放实验室，目前腾讯在深圳开放智慧医疗实验室，吸引微芯生物等 50 家企业入驻，累计孵化 AI 辅助诊断系统 300 套，三甲医院覆盖率超 80%。

三、链主企业与产业生态双向赋能

深圳通过链主企业在技术引领、供应链整合、生态孵化等维度与产业生态深度互动，形成"以大带小、以点带面"的协同创新格局。2023 年，深圳规上工业总产值突破 4.8 万亿元，其中华为、比亚迪、华大基因等链主企业带动上下游超 10 万家企业，贡献全市 60% 以上的战略性新兴产业产值。链主企业在产业创新生态的构建方面发挥重要作用，具体来看主要表现在以下三个方面。

一是推动链主企业的技术开源与生态共建。

例如，深圳依托华为带动深圳信息通信产业（ICT）的升级，通过华为的操作系统开源构建生态底座。华为推出开源操作系统 OpenHarmony 和欧拉（EulerOS），截至 2023 年已吸引超 500 家企业加入开源社区，覆盖智能家居、工业互联网等领域。华为鲲鹏计算产业联盟聚合中软国际、神州数码等 1200 家伙伴，2023 年实现国产服务器出货量超 50 万台，替代进口比例从 10% 提升至 35%。深圳本地企业宝德计算机依托鲲鹏芯片，年营业收入从 3 亿元跃升至 25 亿元。据统计，华为生态伙伴 2023 年总营业收入超 8000 亿元，带动深圳 ICT 产业规模达 1.2 万亿元（全国占比 18%），自主可控技术占比提升至 60%。

二是推动链主企业强化供应链垂直整合。

例如，深圳依托比亚迪重构新能源汽车生态，比亚迪在深圳布局电池、电机、电控全链条，核心零部件供应商 80% 位于珠三角。例如，电解液供应商新宙邦与比亚迪联合研发刀片电池专用材料，供货比例从 30% 提升至 70%，2023 年营业收入增长 120%。通过链主企业的技术反哺中小供应商，比亚迪向 200 家中小供应商开放仿真测试平台，帮助科达利（电池结构件企业）将模具开发周期从 90 天缩短至 45 天，科达利产品良品率提升至 99.5%，成为特斯拉全球核心供应商。比亚迪 2023 年带动深圳新能源汽车产业产值突破 8000 亿元，本地配套率从约 50% 提升至约 75%，动力电池成本下降 40%（至 0.6 元/瓦时）。

三是推动链主企业的平台开放与产业孵化。

例如，华大基因激活生物医药生态，华大基因建成全球最大基因测序平台（日产能超 100 太字节），向中小企开放测序服务。深圳合成生物企业未知君生物利用该平台，将肠道菌群药物研发周期从 3 年压缩至 1 年，2023 年估值突破 10 亿美元。同时，华大联合中国科学院深圳先进院等机构成立"合成生物创新联盟"，孵化企业超 80 家。例如，瑞德林生物通过联盟获得酶催化技术授权，实现 GLP-1 减肥药原料成本降低 90%，2023 年订单额超 20 亿元。据统计，华大基因累计孵化生物医药企业 300 余家，2023 年深圳生物医药产业规模达 1600 亿元，基因测序设备国产化率从 20% 提升至 80%。

四、技术创新与规则重塑相互协同

深圳通过技术创新倒逼规则突破，同时以制度创新释放技术潜能，形成了"技术突破—场景验证—规则适配—生态扩张"的协同演进模式。在数据要素、智能监管、知识产权等领域开创了多个全国首创性规则体系，具体表现在以下几个方面。

一是推动技术确权与交易规则创新。

通过技术突破驱动规则重构，深圳建成全国首个"隐私计算＋区块链"数据交易平台，通过联邦学习技术实现数据"可用不可见"。微众银行利用该平台完成全国首笔跨境数据交易,将香港居民信用数据(脱敏处理后)与内地金融机构对接,2023年促成跨境贷款超50亿元。深圳还使用规则创新反哺技术应用,出台《深圳经济特区数据条例》,首创"数据要素市场准入负面清单",明确公共数据100%开放、企业数据分类分级交易规则。截至2023年,深圳数据交易所累计交易额突破50亿元,其中医疗数据交易占比达35%。

二是推动AI治理与法律体系适配。

通过技术倒逼监管范式转型,深圳落地全国首个AI立法监管沙盒,允许自动驾驶企业在限定区域试运行L4级车辆。企业在此监管框架下完成100万千米路测,推动《深圳经济特区智能网联汽车管理条例》出台,明确事故责任划分规则。深圳建立"人工智能伦理与治理工作委员会",发布全球首个AI生成内容溯源标准,2023年累计识别深度伪造视频1.2万条,网络诈骗案件数量减少25%。监管沙盒使新技术落地周期缩短50%以上,AI治理规则使深圳成为全国60%自动驾驶企业的测试首选地。

三是推动技术资产化与金融规则突破。

深圳建立了"专利科创板"评价模型,将专利质量、市场前景等30项指标量化。

大疆创新通过该模型获得AAA评级,其无人机避障专利组合估值达80亿元,较传统评估方式溢价200%。深圳在全国首创"知识产权跨境质押"机制,允许企业用境外专利融资。华为凭借欧洲 5G 专利，通过招商银行获得 20 亿元跨境贷款，利率较境内低 1.5 个百分点。

当前，科技创新与产业创新的融合发展正在呈现出周期压缩化、主体网络化和价值数据化等新趋势和新特征。以人工智能驱动的科研新范式正在对产业创新产生颠覆性影响。在新的变革下，以深圳为代表的创新型城市如何更好地推动科技创新与产业创新融合发展，最大程度释放创新效能，又是一道全新的命题。

第四节　深圳成为大湾区创新融合的核心引擎

近年来，深圳在科技创新和产业创新领域均取得了显著成就，成为引领区域经济高质量发展的关键力量。深圳不仅集聚了全球顶尖的科技企业和创新资源，还通过政策引导和产业协同，推动了大湾区科技创新与产业创新的深度融合。这种融合不仅加速了科技成果的转化和应用，也为大湾区构建具有全球竞争力的现代化产业体系提供了强劲动力。深圳正在完成从"出圈""破圈"到"联圈""融圈"的蝶变。深圳牵引大湾区科技创新和产业创新融合发展的路径与策略值得深思。

深圳以"联圈"思维重构大湾区创新版图，通过联人才圈、联产业链、联规则网，将自身创新势能转化为区域协同动能,"深圳—香港—广州"创新集群连续五年位居全球第二位。

一、以"深港跨境创新走廊"联人才圈

2023年8月,国务院印发《河套深港科技创新合作区深圳园区发展规划》,深港跨境创新合作进入了一个新时代,其主要表现在以下两个方面。

一是科研人才"双城通勤"。河套合作区试点"科研白名单",香港高校教授可同时在深港两地实验室任职。2023年香港科技大学教授团队在河套研发的"微纳机器人"技术,通过深圳迈瑞医疗实现产业化,其全球市场份额达25%。

二是职业资格互认扩圈。深圳发布了316项港澳职业资格跨境认证(如建筑师、医师等职业资格),吸引2.3万名港澳青年在深圳科技企业就业,腾讯港澳工程师占比达12%。据估计,相较于5年前,大湾区人才流动成本降低40%。截至2024年末,深港联合实验室数量已经突破150家。

二、以"珠江口两岸双环"联产业链

2024年6月30日,深中通道正式通车试运营,珠江口东西两岸城市发挥所长、双向奔赴,通过合作推动协同创新、融合发展,迎来崭新空间,其主要表现在以下两个方面。

一是形成东岸数字产业环。深圳联合东莞、惠州打造"研发—智造"闭环，华为松山湖基地带动东莞电子元器件产值突破 8000 亿元，"深圳设计＋东莞制造"的 VR 头盔产值占全球 60%。

二是形成西岸装备创新环。深圳前海与珠海横琴共建"海洋科技走廊"，中集集团在深圳研发，在珠海建造全球最大 LNG 运输船，2023 年交付量占全国 70%。大湾区技术合同成交额 60% 源自深圳输出，跨城产业链协作企业超 8 万家。

三、以"制度型开放试验区"联规则网

2023 年 6 月，国务院印发《关于在有条件的自由贸易试验区和自由贸易港试点对接国际高标准推进制度型开放的若干措施》，广东自由贸易试验区成为首批制度型开放试验区。深圳推进贸易投资自由化、便利化，主动对接国际高水平经贸规则，提升区域性、全球性影响力，其主要表现在以下两个方面。

一是科创要素"湾区通"。深圳首创跨境科研设备"负面清单"，港澳高校可共享深圳鹏城实验室等 23 个大科学装置，香港中文大学团队使用国家超级计算深圳中心研发阿尔茨海默病新药，研发周期缩短 50%。

二是金融规则"软联通"。前海试点"跨境双向人民币

资金池",华大基因通过该渠道向香港研发中心调拨资金,审批时间从7天缩短至2小时,2023年跨境研发资金流动超2000亿元。大湾区国际专利申请中联合体占比达35%,深圳规则创新覆盖湾区约90%的科技企业。

深圳通过三圈联动实现从"联圈"到"融圈"的转变。面向未来,深圳将推动大湾区成为全球首个"万亿级研发投入城市群",实现从物理连接到化学融合的质变跃迁。

05 第五章 产业
CHAPTER

从一张白纸到"20+8"产业集群

从 20 世纪 80 年代初的产业"小白"到 2025 年的全球产业创新高地，深圳的产业发展史是一个传奇。它用 45 年的时间书写了一部中国产业升级和结构优化的启示录。

从"三来一补"的加工业起步，到"20+8"产业集群的全球引领，用制度创新与市场活力的"双人舞"，演绎了从"中国制造"到"中国智造"的华丽蜕变。

如今的深圳不仅是"工业第一城""外贸第一城"，更是"产业创新第一城"，其战略性新兴产业和未来产业的蓬勃发展，为建设富有中国特色的现代化产业体系提供了生动的实践样本。

第一节 深圳产业发展的脉络

一、工业化迅速起步（1981～1990 年）

1980 年 8 月 26 日，当《广东省经济特区条例》在全国人大常委会批准通过时，深圳河两岸的渔民仍在收网晾晒。

他们不曾想到,这份文件中"特区企业所得税税率为百分之十五""客商用地,……根据不同行业和用途,给予优惠"等条款,让对岸的香港商人带着机器与资本跨河而来。

1981年春,罗湖桥头的边防战士发现,通关港商的行李箱里不再是收音机和尼龙袜,而是塞满了"三来一补"加工协议与电子元件样品。与此同时,蛇口工业区的海岸线上,香港货轮的汽笛声第一次压过了渔船的号子——招商局开辟的港口,正迎来第一批境外资本投资的工厂设备。

1. 三来一补:稻田里长出的流水线

深圳的第一批"产业工人",是卷着裤腿走出稻田的农民。在蛇口工业区的凯达玩具厂,女工们用缝纫机踩出了特区工业化的第一串音符:每组装一个洋娃娃,香港老板支付0.15元加工费,而她们每月能挣到150元——这相当于老家一年的工分收入。

"香港接单、深圳生产"的"前店后厂"模式像野火般蔓延。上步工业区的铁皮厂房里,工人们用镊子夹着米粒大小的电子元件,组装出中国第一批出口电子表。到1985年,深圳的电子表产量已约占全球的1/4,流水线上的每一秒,都在为特区赚取宝贵的外汇。

2. 转型阵痛:从缝纫机到电路板

1986年的某个深夜,蛇口工业区管委会的灯光依然亮着。干部们正在讨论一份文件的条款:"新引进项目必须自带技术,投资强度不得低于每平方米2000元。"这意味着,靠缝纫机和电烙铁吃饭的日子要结束了。

港资玩具厂老板发现招工越来越难——年轻人都涌向了新开的电子厂。在八卦岭工业区,康佳彩电生产线上的工人戴着防静电手环,学习调试日本进口的显像管。一位老师傅感慨:"以前做10件衬衫的利润,不如现在1台电视机的利润。"

这场转型的收益清晰可见:1988年,60%的"三来一补"企业开始外迁,但流水线腾出的空间迅速被电路板填满。到1990年,深圳的电子工业产值占比从17%飙升至43%,华强北的电子元器件摊位前,已经能听到英语、日语等外语和普通话、粤语的讨价还价声。

3. 创新基因:行军床上的科技革命

1987年的深圳科技工业园,一群年轻人挤在仓库改造的办公室里。他们用行军床当工作台,泡面箱堆成"隔音墙",捣鼓着一台电话交换机——这是华为的创业起点。同年,深圳颁布《深圳市人民政府关于鼓励科技人员兴办民间科技企业的暂行规定》,允许技术入股,工程师们可以用图纸换股份。

制度创新的魔力远超想象:民间科技企业从1985年的7

家激增至136家;深圳企业总数从1980年的839家暴涨至1990年的19 827家……

在南山的一家小工厂里,24岁的王传福正在研究镍镉电池——谁也不会想到,这个后来叫"比亚迪"的作坊,会成为全球电池大王。

1990年,当深南大道全线贯通时,道路两侧已密布着电子厂、服装厂、机械厂。来自外地的打工妹阿珍,在给老家的信里写道:"这里的土地会'长'工厂,上个月还是菜地,下个月就冒出烟囱。"

十年间,深圳的工业总产值从不足1亿元增长到197亿元,流水线的韵律重塑了这座城市的基因。当第一代打工者带着积蓄返乡盖起小楼时,他们不知道,自己亲手组装的电子表、玩具和电视机,正在改写"中国制造"的世界坐标。

二、以高新技术产业为主导(1991～2000年)

1. 破局:从"三来一补"到"自主创新"

1991年的深圳科技工业园,推土机轰鸣声与蛙鸣声交织——园区边缘尚未填平的池塘里,青蛙们见证了一场历史性转折。随着园区挂牌为首批国家级高新技术产业基地,深圳的产业基因开始变异。在八卦岭工业区,港资玩具厂的缝纫机被拆解运走,取而代之的是长城计算机的生产线。工人们戴着防静电手环,组装着每台售价2万元的386电脑。到

1995年，深圳计算机产量已占全国的1/3，流水线上的"中国芯"开始跳动。

这场蜕变的背后是政策的精准发力。1992年深圳经济特区获得立法权后，技术入股管理办法——《深圳经济特区技术成果入股管理办法》于1998年出台，科技人员可用专利换股份；1994年科技企业享受"两免三减半"的税收优惠政策，华为工程师们在仓库改造的实验室里，研发出中国首台万门程控交换机。到1995年，深圳高新技术企业达63家，电子工业产值占工业总产值的比重突破40%，曾经的"代工之城"开始向"创新之城"转型。

2. 腾飞：高交会与"三个根本性转变"

1996年的深圳，两场革命同时上演：在福田保税区，激光切割机雕刻着精密模具；在华强北赛格大厦的格子间里，29岁的马化腾敲下了OICQ（QQ前身）的第一行代码。此时，深圳正经历"三个根本性转变"——从计划经济向市场经济、从粗放增长向集约发展、从政策依赖向素质提升转变。

这场转型的阵痛与荣耀并存。1996年《深圳经济特区企业技术秘密保护条例》出台后，华为工程师发现，偷带图纸离职可能面临刑事责任；比亚迪用"半自动+人工"的混搭生产线，将镍镉电池成本压到日本企业的1/3；1999年首届高交会上，深圳企业展台的"技术交易"标牌取代了"来料加工"，64.94亿美元的成交额中，约70%来自电子信息领域。关于高交会的故事参见专栏5-1。到2000年，深圳高新技术产值突破千亿元，42.3%的工业增加值占比背后，是10万名研发人员的日夜奋战。

◎ 专栏5-1

高交会："中国科技第一展"

中国国际高新技术成果交易会（简称"高交会"）自1999年创办以来，已成为中国规模最大、最具影响力的科技类展会，被誉为"中国科技第一展"。作为高新技术领域对外开放的重要窗口，高交会不仅是科技成果展示与交易的平台，更是推动科技创新、产业升级和国际合作的重要引擎。

高交会的前身是深圳荔枝节，1999年正式转型为高新技术成果交易会，旨在为国内外企业、科研机构和投资者提供一个展示、交流和合作的平台。首届高交会吸引了2856家参展企业和4150个参展项目，成交额达64.94亿美元。经过26年的发展，高交会已成为中国高新技术领域的一张亮丽名片。

高交会不仅是科技成果展示的舞台，更是企业拓展市场、获取融资的重要平台。通过"官产学研资介"的有机结合，高交会为海内外客商提供了寻求项目、技术、资金和人才的便捷通道。例如，腾讯、比亚迪等知名企业都曾通过高交会获得发展机遇。1999年，首届高交会第一次把国际创业投资资本引入深圳。美国国际数据集团（IDG）创始人麦戈文投资腾讯，开创了深圳创业投资的先河。

2024年第二十六届高交会创下多项纪录：展览面积达40万平方米，吸引了来自100多个国家和地区的近5000家企业参展，专业观众突破40万人次，共发布4300余项新技术、新产品和新成果。

高交会吸引了全球100多个国家和地区的参展商和采购商，成为推动国际科技交流与合作的重要平台。2024年高交会期间，来自28个国家和地区的21.4万人次观众参观了展会，专业观众人气指数达246。高交会不仅将国际先进技术"引进来"，也助力中国高新技术"走出去"。

2025年11月14日至16日，第二十七届高交会将在深圳国际会展中心（宝安）举办，规划展览面积达40万平方米。本届高交会将聚焦人工智能、半导体、低空经济、智能制造等前沿领域，设置"国之重器""科技巨头产业链""未来前沿科技"等特色展区，全方位呈现全球顶尖科技成果。

作为"中国科技第一展"，高交会承载着推动高新技术成果商品化、产业化和国际化的使命。未来，高交会这场科技盛宴将不断汇聚全球创新力量，为深圳乃至中国的高质量发展注入新动能。

资料来源：作者根据公开资料整理。

三、自主创新引领产业多元化发展（2001～2010年）

1. 破茧：从"制造车间"到"创新引擎"

2001年，深圳福田保税区的货柜车排成长龙，海关单证上"来料加工"的印章逐渐被"自主品牌"取代。中国加入WTO后，这座曾靠"三来一补"起家的城市，突然发现自己的廉价劳动力优势正在消逝——越南的工资更低，印度的软件工程师更便宜。当时的深圳市领导在干部会议上敲着桌子说："要么创新，要么出局！"

"十五"计划应声而动，高新技术产业、现代物流业、现代金融业被定为三大支柱。2003年，华强北电子市场里，柜台老板们发现了新变化——采购商不再只问"有没有日本电容"，而是开始打听"华为的交换机什么价"。到2005年，深圳高新技术产品产值占比冲上50%，流水线上的工人们发现，自己组装的MP3播放器里，开始出现"朗科"这个深圳品牌的闪存芯片。

2. 突围：在"四个难以为继"中硬闯新路

2005年的深圳地图上，红线标注的生态控制线让企业家们倒吸凉气——1997平方千米的土地，只剩不到30%可供开发。时任市委书记李鸿忠用"四个难以为继"形容困境：土地、能源、人口、环境全面亮红灯。

但危机中藏着转机——向天借地：2006年，腾讯把总部搬进40层的赛格广场,楼顶的企鹅logo与香港的霓虹灯隔河相望;向海要电:大亚湾畔,比亚迪的工程师在实验室里鼓捣铁电池,后来这项技术成了电动大巴的核心技术;向脑挖潜:2008年,深圳大学城进驻西丽湖,清华、北大研究院的灯光彻夜不熄。

"十一五"期间,深圳做了道"加减法":砍掉5000家高耗能企业,却让GDP突破万亿元大关。2010年的统计公报显示,四大支柱产业(金融、物流、文化、高新科技)已支撑起GDP的62.1%;华为一家的研发投入就达165亿元——比当年冰岛全国的研发经费还多。

3. 裂变:战略性新兴产业的"深圳速度"

2009年,深圳高交会上,大族激光展台前挤满外商。他们盯着那台能在头发丝上刻字的精密设备,难以置信这是"中国制造"。这一年,深圳在全国率先抛出生物、互联网、新能源三大新兴产业规划,时任副市长许勤说:"我们要在别人没醒时抢跑!"

这场抢跑充满戏剧性:互联网领域,腾讯QQ同时在线用户数突破1亿时,服务器藏在华强北的二手电子市场隔间里;新能源领域,比亚迪F3DM双模电动车上市当天,4S店被围得水泄不通,有人扛着现金全款提车;生物医药领域,华大基因的测序仪24小时运转,每天产生的数据量足以绘制1000人的全基因组图谱，为精准医疗提供海量基础数据。

2010年，深圳战略性新兴产业增加值占地区生产总值的比例已达15.6%，PCT国际专利申请量占全国的半壁江山。在南山科技园，留学生创业大厦的电梯里常能听到这样的对话："你的项目融到A轮了吗？""刚见完红杉的人。"

4. 隐忧：光环下的阴影

2010年，深南大道堵车长龙中，既有挂着粤港两地牌的豪车，也有拖着行李准备返乡的打工者。这座光鲜的创新之城暗藏隐忧。产业"偏科"，华为、中兴、腾讯三巨头贡献了深圳过半的高新技术产业产值。有人私下感慨："深圳创新是'月亮很亮，星星不多'。"人才"饥渴"，时任深圳大学校长章必功曾感叹："我们培养的学生，还不够华为一家'吃'！"空间困局，大疆创始人汪滔在民房创业时，为测试无人机，不得不凌晨三点在科技园空地上"偷飞"。

即便如此，深圳仍交出一份惊人的答卷：当年全社会研发投入占比达3.64%，每万人发明专利拥有量位居全国第一。当《纽约时报》记者追问"深圳奇迹的秘诀"时，一位政府领导指着市民中心的拓荒牛雕塑说："因为我们永远在和自己较劲。"

四、战略性新兴产业蓬勃发展（2011～2020年）

1. 产业升级：从破局到领跑

2011年春天的深圳湾，华星光电8.5代液晶面板生产线的轰鸣声，打破了日韩企业在显示领域的长期垄断。这一标志性事件，成为深圳战略性新兴产业崛起的序章。彼时，国际金融危机余波未平，深圳出口总额同比骤降，但这座城市却选择逆势加码——财政科技投入逆势增长，战略性新兴产业专项资金年度预算扩容至50亿元，为产业转型注入强心剂。

"十二五"期间（2011～2015年），深圳明确提出将战略性新兴产业锻造为经济新引擎。《深圳市国民经济和社会发展第十二个五年规划纲要》锚定目标：到2015年，战略性新兴产业增加值占GDP比重达到20%。为此，深圳重点布局新一代信息技术、生物医药、新能源等七大领域，打造了光明区新型显示、坪山区新能源汽车等一批特色产业基地。至"十二五"期末，深圳战略性新兴产业增加值占GDP比重已跃升至40%，比国家规划高出32个百分点，深圳成为全国战略性新兴产业规模最大、集聚性最强的城市。

进入"十三五"时期（2016～2020年），深圳继续领跑产业升级。2020年，深圳战略性新兴产业增加值突破1.02万亿元，占GDP比重达37%，居全国首位。以贝特瑞新材料为例,这家曾为宁德时代供应石墨烯导电剂的企业,从光明新区起步,最终成长为全球动力电池负极材料市场份额第一的"隐形冠军",生动诠释了深圳产业培育的"雨林效应"。

2. 创新生态:从跟随到引领

深圳的转型不仅是产业的蜕变,更是一场创新生态系统的重构。2014年,国务院批复深圳建设首个以城市为单元的国家自主创新示范区,赋予其"创新驱动发展示范区"的战略定位。自此,深圳开启政策创新"加速度":2016年推出"双创"实施意见,2019年颁布全国首部综合类知识产权保护条例,2020年出台覆盖科技创新全链条的《深圳经济特区科技创新条例》。

(1)空间拓展同步发力。

2019年,深圳国家高新区扩区至159.48平方千米,形成"一区两核多园"的格局;2020年,深圳获批建设综合性国家科学中心,推进"两区两城"建设(河套深港科技创新合作区、深圳国家高新区坪山园区、光明科学城、西丽湖国际科教城)。

(2)制度突破更显魄力。

《深圳经济特区科技创新条例》规定,约定按份共有的,科技成果完成人或者团队持有的份额不低于70%;企业资助基础研究支出可享受公益捐赠政策;在深注册的科技企业可实施"同股不同权";深圳在全国范围内率先以立法形式固定财政对基础研究的投入——基础研究和应用基础研究资金投入应不低于市级科技研发资金的30%,助力深圳建设科技创新中心。

深圳的全社会研发投入占GDP比重从2015年的4.18%攀升至2020年的5.44%,如果和发达国家相比,当年全球排名第三,仅次于以色列、韩国,超越美国和日本等国家。

3. 十年蝶变:从试验田到标杆城

2011至2020年,深圳战略性新兴产业走过了从破茧到腾飞的非凡历程:

- 产业规模实现三级跳,战略性新兴产业的增加值从2010年的2918亿元增至2020年的1.02万亿元。
- 创新能级跨越式提升,PCT国际专利申请量达20 209件,连续17年居全国城市首位。
- 企业矩阵强势崛起,培育出华为、腾讯、大疆等全球领军企业,国家高新技术企业超1.86万家。

这场转型背后是因为深圳具有"敢为天下先"的改革基因:当传统外贸遇冷时,深圳果断让财政科技投入增幅跑赢GDP增速;当遭遇技术封锁时,深圳以"基础研究+技术攻关+成果产业化"全链条创新生态破局。从光明科学城的源头创新到坪山生物医药基地的产业转化，深圳用十年的时间证明，一座城市完全可以通过战略性新兴产业重塑全球竞争力，在创新驱动的星辰大海中开辟新航路。

五、建设现代化产业体系（2021～2025年）

当全球产业链在新冠疫情余波中艰难重构时，深圳已在绘制"20+8"产业集群的突围路线图。深圳以战略性新兴产业为"破局利刃"，开启了从"制造之城"向"创新极核"的跃迁之路。这座曾以"深圳速度"闻名的城市，在"十四五"期间（2021～2025年）再次以"新质生产力"定义发展新坐标，书写现代化产业体系的湾区样本。

1. 创新驱动：锻造战略性新兴产业集群

2022年6月，深圳发布《深圳市人民政府关于发展壮大战略性新兴产业集群和培育发展未来产业的意见》，锚定"20+8"产业布局，即20个战略性新兴产业集群+8个未来产业（见图5-1），剑指2025年战略性新兴产业增加值突破1.5万亿元的目标。这一蓝图迅速落地：2024年，新一代信息通信、先进电池材料等集群入选国家先进制造业"第一方阵"，智能网联汽车、人工智能等产业增速超30%，战略性新兴产业增加值占GDP比重跃升至42.3%，深圳成为全国首个工业总产值突破5.4万亿元的城市。

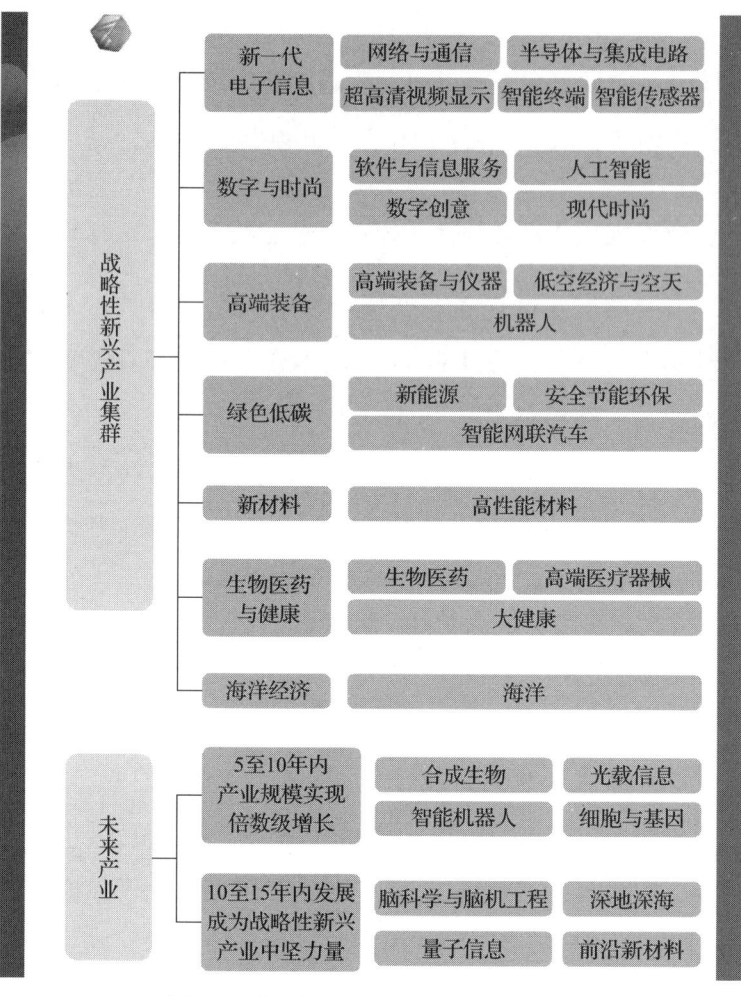

图 5-1 深圳 "20+8" 产业集群示意图

资料来源：来自"深圳发布"的报道。

此外，政策的迭代升级持续加码。2024 年，《关于加快发展新质生产力进一步推进战略性新兴产业集群和未来产业高质量发展的实施方案》将战略性新兴产业增加值目标上调至1.6万亿元，同步发布的《深圳市战略性新兴产业与未来产业空间布局规划（2024—2035年）》勾勒出"20个先进制造业园区+20个科技创新集聚区"的"双引擎"空间格局。光明科学城的超算中心与坪山生物医药加速器遥相辉映，华为、比亚迪等龙头企业带动产业链"链式跃升"——2024年，深圳新能源汽车产量同比增长212.7%，低空经济、智能机器人等未来产业初具规模，展现出"新质生产力"的澎湃动能。

2. 创新生态：从"引领者"到"规则制定者"

深圳的创新密码，藏在"基础研究+技术攻关+成果产业化+科技金融+人才支撑"的创新生态链中。2021年，国务院向全国推广深圳"6个90%"的经验：90%以上的创新型企业是本土企业，90%以上的研发机构设立在企业，90%以上的研发人员集中在企业，90%以上的研发资金来自企业，90%以上的职务发明专利出自企业，90%以上的重大科技项目发明专利来自龙头企业。

（1）深圳创新生态正在迸发强劲活力。

2023年，深圳全社会研发投入达2236.61亿元，占GDP比重约6.46%，总量与强度居全国城市"双第二"；截至2024年末，深圳的国家高新技术企业突破2.5万家，平均每平方千米诞生12家"创新种子"；PCT国际专利申请量连续 18 年领跑全国,"深圳—香港—广州"科技集群稳居全球创新指数第二位。

(2)制度创新同样在持续突破。

河套深港科技创新合作区探索"一区两制",吸引香港 5 所高校设立研究院;前海深港国际金融城集聚全球顶尖风投,早期创业基金规模超千亿元。这种"热带雨林式"生态,培育出 1025 家专精特新"小巨人"企业和 95 家制造业单项冠军,在细分领域书写"隐形冠军"传奇。

2024 年,深圳交出一份硬核成绩单:深圳 GDP 达 3.68 万亿元,同比增长 5.8%,第二产业占比逆势回升至 37.8%,规上总产值、规上工业增加值蝉联全国"双第一";发明专利授权量 7.47 万件,高价值专利超 20 万件;华为 5G 专利数量位居全球第一,比亚迪新能源汽车销量突破 400 万辆,大疆占据全球消费级无人机 70% 的市场份额。

此外,深圳的传统产业也焕发新生。飞亚达航天表随神舟飞船巡天,钟表产业智能化改造投资增长 25.6%;"深圳女装"借力数字化迈向高端定制,服装业自主品牌占比超 80%。

3. 未来蓝图:向全球创新中心进发

站在 2025 年的门槛上,深圳正以"20+20"产业空间布局为棋盘(见专栏 5-2),以光明科学城、西丽湖科教城等创新策源地为支点,向着"全球领先的先进制造业中心"和全球创新中心进发。这座曾以"三来一补"崛起的城市,用新质生产力证明,创新驱动的现代化产业体系,不仅是经济增长的引擎,更是中国式现代化的生动实践。

◎ 专栏 5-2

深圳的"20+20"产业空间布局

为了在空间上确保"20+8"产业集群的落地,深圳市规划和自然资源局开展了《深圳市战新与未来产业空间布局规划暨 20 大先进制造业园区空间保障指引》的编制工作。该规划以国土空间总体规划为引领,优化产业空间布局,在深化 20 大先进制造业园区空间布局的同时,统筹划定了 20 大科技创新产业集聚区,在市域范围内规划形成"20+20"的战略性新兴产业和未来产业空间总体格局,规划总面积约 500 平方千米。未来将以此为基础,全面统筹、优化深圳产业空间布局,保障产业空间供给,促进产城融合发展,承接重大产业项目。

在宝安区、龙岗区、龙华区、坪山区、光明区、盐田区、大鹏新区、深汕特别合作区规划布局总面积约 300 平方千米的 20 个先进制造业园区,并明确了各园区产业发展主导方向,为促进战略性新兴产业集群化发展提供了空间基础。园区依托各自的产业基础和资源禀赋,明确了差异化的产业定位，实现了错位协同发展。例如，宝安区布局4个先进制造业园区，重点发展半导体与集成电路、智能终端、网络与通信、超高清视频显示、工业母机、精密仪器设备、智能机器人、激光与增材制造等产业集群；光明区布局4个先进制造业园区，重点发展新材料、生物医药、精密仪器设备、超高清视频显示、高端医疗器械、智能传感器、现代时尚、安全节能环保等产业集群。

为有效支撑先进制造业的发展，凸显创新驱动制造的作用，规划全面统筹了各类科技创新空间，在落实国土空间总体规划"1+7+N"科技创新格局的基础上，横向充分对接国家高新区、自主创新示范区、高等教育等空间布局，纵向重点衔接光明科学城、深港科技创新合作区等重点科创片区的规划方案，划定20大科技创新产业集聚区，总面积约190平方千米，未来将引导各类科技创新基础设施、研发技术平台以及高新技术企业总部在集聚区范围内集中布局。

为确保规划实施，深圳对20大先进制造业园区逐一制定空间保障指引，详细梳理园区现状，深入评估规划条件，明确园区规划目标，制定潜力用地实施方案，细化用地布局、供应规模、供应时序和实施路径。深圳正在建成辨识度高、集群集聚、承载力强的先进制造业园区体系和创新浓度高、经济密度高、服务水平高、人文活力高的科技创新产业集聚区体系，制造业压舱石地位进一步巩固，科技创新驱动力显著增强。到2035年，深圳将形成一批集约高效、融合辐射、具有全球影响力和国内示范效应的先进制造业园区和科技创新产业集聚区，助力深圳建设成为全球科技产业高质量发展的标杆城市。

资料来源：作者根据"深圳新闻网"等公开报道整理。

第二节 深圳产业发展的成就

一、工业第一城

深圳以"中国工业双冠王"、万亿产业集群与智造标杆重构产业生态，领跑中国制造质变升级。

1. 深圳连续三年蝉联"中国工业双冠王"，规模与质量同步跃升

2022年，深圳以规上工业总产值4.55万亿元、工业增加值约1.13万亿元首夺全国"双第一"，2024年，深圳规上工业总产值突破5.4万亿元、工业增加值达1.2万亿元，连续三年位居榜首。核心制造业大类中，计算机通信设备增加值增长11%，3D打印设备增加值增长35.8%、工业机器人增加值增长31.8%，高端制造产量领跑全国。[一]

2020～2023年，深圳工业增加值从9507.5亿元增至

[一] 以上数据均来自深圳市统计局网站。

11 818.61亿元，累计增长24.3%，年均增速7.5%，2024年突破1.2万亿元，稳居全国第一。2023年上海工业增加值达10 846.16亿元，增速放缓（2020～2023年年均速仅为3.1%），北京波动剧烈，2021年冲高至5855.1亿元后回落，详细情况参见表5-1、图5-2和图5-3。

表5-1 2020～2024年四个一线城市工业增加值

（单位：亿元）

年份	北京	上海	广州	深圳
2020年	4255.1	9625.53	5722.52	9507.49
2021年	5855.1	10 676.67	5086.0	10 634.24
2022年	5115.5	10 736.86	5126.7	11 253.34
2023年	5008.5	10 846.16	5198.5	11 818.61
2024年	5937.6	10 910.88	5042.5	12 409.1

资料来源：作者根据各城市统计局网站数据整理。

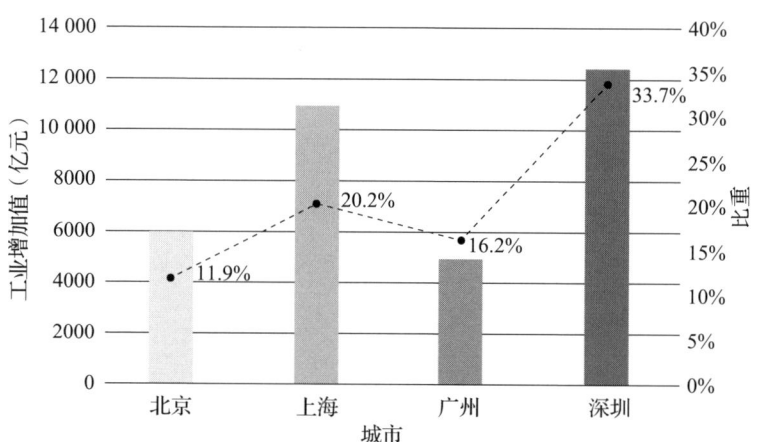

图5-2 2024年四个一线城市工业增加值及其占GDP比重

资料来源：作者根据各城市统计局网站数据整理。

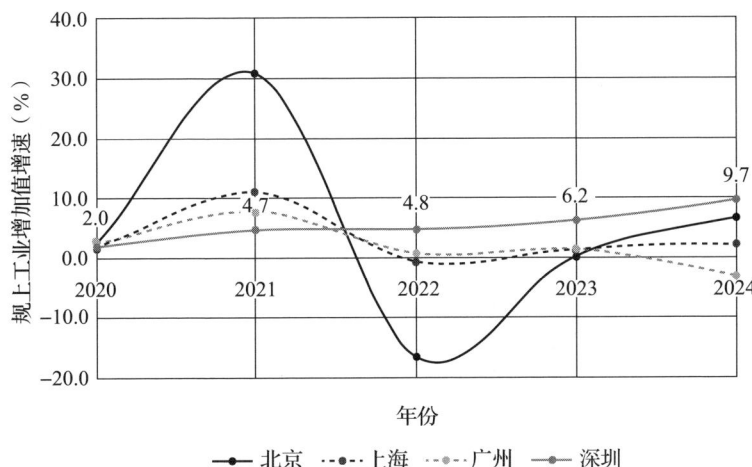

图 5-3　四个一线城市规上工业增加值增速

资料来源：作者根据各城市统计局网站整理绘制。

由图 5-3 可以看到，深圳规上工业增加值增速从 2020 年的 2% 稳步攀升至 2024 年的 9.7%，年均增速 5.5%，是唯一连续 5 年正增长且逐年加速的城市，展现了超强的韧性。

2. 深圳拥有 5 个国家先进制造业集群，构建"雁阵式"产业生态

截至 2024 年，深圳拥有 5 个国家先进制造业集群（新一代信息通信、先进电池材料、高端医疗器械、智能装备、智能网联汽车），数量居全国首位；具有 6 个国家级、16 个省级中小企业特色产业集群，形成"国家队—省级—市级"梯队。集群内协作效率显著提升，如比亚迪新能源汽车集群

带动 300 家本地供应商，关键零部件本地配套率超 75%。

3. 深圳全门类工业体系支撑梯度发展，企业金字塔夯实创新根基

深圳产业覆盖 31 个制造业大类，电子设备制造业占比约 58%，其 2024 年规上工业总产值达到 3.13 万亿元，企业梯队行进。2024 年深圳新增国家级制造业单项冠军 29 家（累计 95 家）、专精特新"小巨人"296 家（累计 1025 家），95 家单项冠军覆盖 14 个制造业大类，创新浓度十足。深圳规上工业企业研发投入强度达 5.8%，超全国均值两倍。

从"制造工厂"到"智造枢纽"，生产效率重构工业逻辑。深圳工业地均 GDP 达 52.8 亿元/平方千米（2024 年），是苏州工业园的 2.3 倍。华为松山湖基地通过 5G+工业互联网，实现单位面积产出提升 8 倍；大族激光智能工厂人均产值达 450 万元，超行业平均水平 3 倍。

深圳的工业领先地位，源于"创新生态化＋产业集群化＋制造智能化"的三重变革。五大国家级集群构建产业协同网络，1025 家"小巨人"填补技术缝隙，95 家单项冠军突破"卡脖子"环节。当土地效率（52.8 亿元/平方千米的地均 GDP）与创新浓度（5.8% 的研发投入强度）双高增长时，这座城市的实践证明——中国制造业的升级路径，正从规模扩张转向"数字＋生态赋能"，以谋求高质量发展。

二、外贸第一城

产业是源,贸易是流。产业发展带动了进出口贸易的相应增长。2024 年,深圳以 4.5 万亿元的进出口额重夺中国城市外贸榜首(见表 5-2、图 5-4),成为"外贸第一城"。

表 5-2　2020～2024 年四个一线城市进出口总额

(单位:亿元)

年份	北京	上海	广州	深圳
2020 年	23 215.9	34 828.5	9530.1	30 502.5
2021 年	30 438.4	40 610.4	10 825.9	35 435.6
2022 年	36 445.5	41 902.8	10 948.4	36 737.5
2023 年	36 466.3	42 121.6	10 914.3	38 700.0
2024 年	36 083.5	42 680.9	11 238.4	45 048.2

资料来源:作者根据四个一线城市统计局网站相关资料整理。

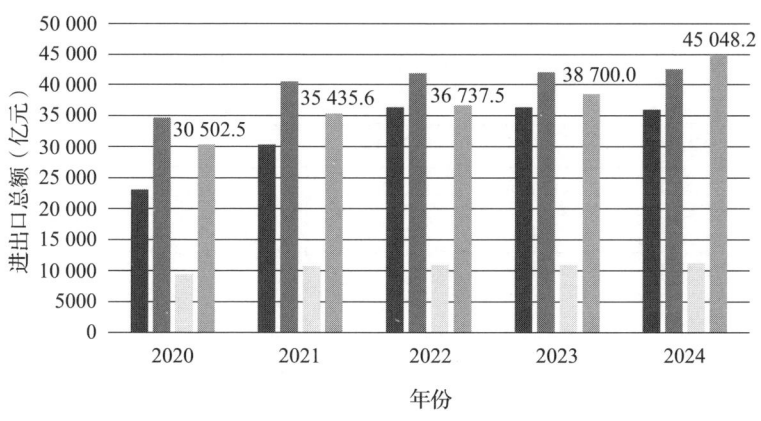

图 5-4　2020～2024 年四个一线城市进出口总额

资料来源:作者根据四个一线城市统计局网站相关资料整理。

1. 重回"外贸第一城"

深圳时隔 9 年重回外贸城市榜首,展现了结构升级新动能。2024 年,深圳市进出口总额达 45 048.24 亿元,同比增长 16.4%,其中,出口额为 28 122.16 亿元(连续 32 年居全国第一),进口额为 16 926.08 亿元,同比分别增长 14.6% 和 19.6%。

2020～2024 年深圳进出口总额从 3.05 万亿元跃升至 4.5 万亿元,5 年增速达 47.7%,远超北上广。2024 年,深圳进出口总额超过上海,稳居全国外贸"增速之王"。同期北京、上海受成本与结构制约,增速不足 2%,广州则因传统贸易转型缓慢而持续低位徘徊,深圳以创新硬实力重新定义一线城市外贸格局(见表 5-3、图 5-5)。

表 5-3 2020～2024 年四个一线城市进出口总额增速

(%)

年份	北京	上海	广州	深圳
2020 年	-19.0	2.3	-4.7	2.4
2021 年	31.1	16.6	13.6	16.2
2022 年	19.7	3.2	1.1	3.7
2023 年	0.05	0.5	-0.3	5.3
2024 年	-1.0	1.3	3.0	16.4

资料来源:作者根据四个一线城市统计局网站相关资料整理。

2020～2024 年,深圳进出口总额增速从新冠疫情初期的韧性增长(2.4%)一路逆势攀升,2024 年以 16.4% 的惊人增速领跑四个一线城市，是同期上海增速的约 12 倍。5 年间，深圳增速始终高于全国均值，尤其在 2024 年实现"单年增速超北上广总和"的壮举，彻底打破传统外贸增长瓶颈，成为中国经济外向型创新的标杆。

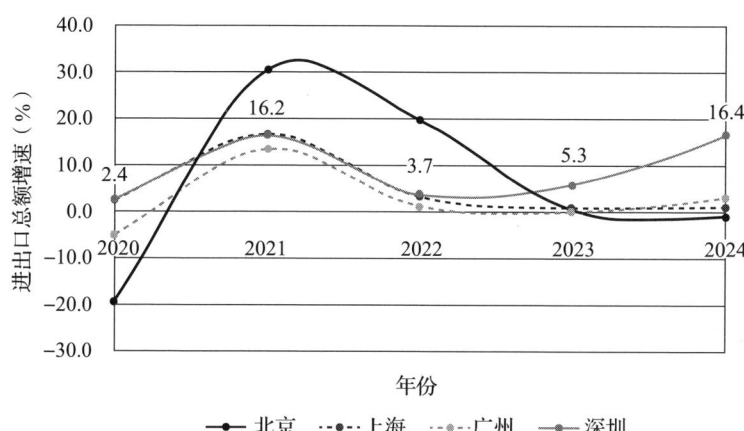

图 5-5　2020～2024 年四个一线城市进出口总额增速
资料来源：作者根据四个一线城市统计局网站相关资料整理。

2. 影响全球贸易版图，展现结构升级硬实力

深圳以"新三样"出口＋民企主力＋多元市场正在影响全球贸易版图，展现了深圳产业结构升级的硬核实力。

（1）"新三样"崛起重构出口格局，战略性新兴产业贡献近两成的全国份额。

传统优势稳固。2024 年，深圳的"老三样"——手机、电脑、家电出口 3774.3 亿元，同比增长 6.8%。新兴引擎发力，例如，深圳的"新三样"——新能源汽车、锂电池、光伏产品出口996.9亿元，同比增长11.5%。未来产业突破。例如，深圳的无人机出口145.7亿元，同比增长19.6%，智能机器人等战略性新兴产业相关产品出口额占全国同类商品出口额的20%。

（2）贸易方式优化凸显价值链升级，自主品牌加速出海，一般贸易占比提升。

2024年，深圳以一般贸易方式进出口2.47万亿元（增长19.2%），占外贸总值的54.9%，较2023年提高1.3个百分点。深圳保税物流高速增长，深圳的保税物流进出口1.16万亿元，增速达26.5%。另外，跨境电商赋能深圳外贸，通过海外仓模式，深圳自主品牌出口额占比提升至38%。

（3）民营企业成外贸主力军，民营企业全球市场布局多元化，活力迸发。

2024年，深圳4.7万家有进出口实绩的民营企业贡献3.16万亿元的进出口额（增长24.2%），占全市外贸总额的70.1%。深圳民营企业的市场拓展不断加速，其对东盟、拉丁美洲、非洲出口分别增长37.7%、26.3%、16.5%，增速超全国平均水平11.9～24.3个百分点。区域协同深化，深圳前三大贸易伙伴东盟（7515.5亿元）、香港（7014.8亿元）、美国（4635.2亿元）贸易额合计占比42.5%。

（4）工业实力与创新生态双轮驱动，正在重塑全球贸易的竞争力。

深圳"外贸第一城"的回归，根植于"工业第一城"的硬核实力——5.4万亿元规上工业总产值支撑的完整产业链（覆盖31个制造业大类），以及"20+8"产业集群培育的战略性新兴产业优势。从"老三样"到无人机、智能机器人等新增长极，从加工贸易到一般贸易主导的结构升级，深圳正通过全过程创新生态链，构建"自主技术＋自主品牌＋自主渠道"的新型外贸体系，为全球产业链重构提供了中国方案。

三、产业创新第一城

深圳以非凡的产业创新能力领跑全国，2.5万家高新技术企业协同华为、比亚迪等构建"企业主导—标准引领"的创新生态，使深圳问鼎全球城市产业创新榜首。

1. 以企业为主体的创新生态重塑产业创新范式

截至2024年，深圳的国家高新技术企业达2.5万家（平均每平方千米12家），专精特新"小巨人"企业达1025家，覆盖电子信息技术、生物医药等15个重点领域。这一格局的形成，源于"企业主导创新—产业反哺研发"的独特路径，例如，华为近十年累计研发投入超1.2万亿元，比亚迪

2024年研发强度达9.8%，大疆创新占据全球消费级无人机市场70%的份额。

2. 全过程创新生态链支撑全球领先的产业创新力

深圳构建的"基础研究+技术攻关+成果产业化+科技金融+人才支撑"创新链成效显著，主要表现在以下三个方面：

第一，基础研究突破，鹏城实验室建成每秒百亿亿次级算力的"鹏城云脑"，光明科学城布局合成生物等重大科技基础设施。

第二，成果转化高效，2024年技术合同成交额突破2500亿元，科技成果产业化率超过45%。

第三，资本助力创新，天使母基金累计投资超800家初创企业，培育出奥比中光等23家独角兽企业。

3. 研发投入强度与产出效率领先全国

2023年，深圳全社会研发投入为2236.61亿元，研发强度为6.46%，仅次于北京，其中，企业投入占比93.3%，企业研发投入规模和比重两项指标连续9年居全国城市首位。高投入带来高产出，2024年深圳的发明专利授权量约为7.47万件，有效发明专利量为35.87万件；PCT国际专利申请量占全国的23.3%。上海交通大学深圳研究院发布的《全球产业创新指数（2023）》报告显示，深圳在全球城市

产业创新能力排名中位居榜首，特别是在创新产出方面表现突出。㊀

4. 从"技术应用"到"标准制定"，重新定义创新高度

深圳的创新已超越技术迭代层面，正向规则制定跃升。例如，华为主导的 5G 标准必要专利数量占比 15%（全球第一），比亚迪参与制定全球电动汽车安全法规，大疆牵头编制无人机适航标准，等等。这种"技术专利化—专利标准化—标准国际化"的进阶，使深圳企业在 28 个国际标准技术委员会拥有话语权。

5. 产业创新的"深圳模式"验证了企业自主创新生态

深圳的实践打破了"大院大所主导创新"的传统路径，构建了以市场为导向、以企业为主体、产业链协同的创新生态系统。当 6.46% 的研发强度（超全国均值 1.4 倍）与 93.3% 的企业投入占比相结合，当每万人发明专利拥有量超 130 件与 45% 的成果转化率相叠加时，足以说明这座城市的产业创新已经形成了自我强化的正循环。其启示在于：真正的产业创新实力，不仅在于技术突破，更在于构建"市场需求牵引研发方向—产业收益反哺供给创新攻坚"的可持续生态。

㊀ 陈宪等：《创新之城：谁在引领强城时代》，机械工业出版社 2024 年版，第二章。

四、战略性新兴产业第一城

2024年，深圳以约1.56万亿元的战略性新兴产业增加值（占GDP比重约42.3%）领跑全国，比亚迪、大疆等头部企业驱动七大千亿级新兴产业集群，构建生态，赋能新范式，未来一个时期，战略性新兴产业，尤其是生物医药、人工智能和新材料等产业将在深圳获得更好更快的发展。

1. 战略性新兴产业规模与质量双领先，筑牢高质量发展基石

2024年，深圳战略性新兴产业增加值约1.56万亿元（见表5-4），占深圳GDP比重约42.3%，连续4年居全国城市首位。2011～2024年，其增加值年均增长10.5%，超同期GDP增速2.1个百分点，对经济增长贡献率达58.9%。

表5-4 2020～2024年四个一线城市战略性新兴产业增加值

（单位：亿元）

年份	北京	上海	广州	深圳
2020年	8965.4	7327.6	7609.0	10 272.7
2021年	9961.6	8794.5	8616.8	12 146.4
2022年	10 302.8	10 641.2	8878.7	13 324.0
2023年	11 838.4	11 692.5	9333.5	14 489.7
2024年	12 510.6	12 533.0	10 023.5	15 567.2

资料来源：作者根据四个一线城市统计局网站数据整理。

2020～2024年，深圳战略性新兴产业增加值从约1.03万亿元跃升至约1.56万亿元，年均增速达7.2%，总量稳居四个一线城市之首。2024年，深圳战略性新兴产业增量达

1077.5亿元,超过同年广州的增量690亿元,总量上深圳是广州的约1.55倍(见图5-6)。

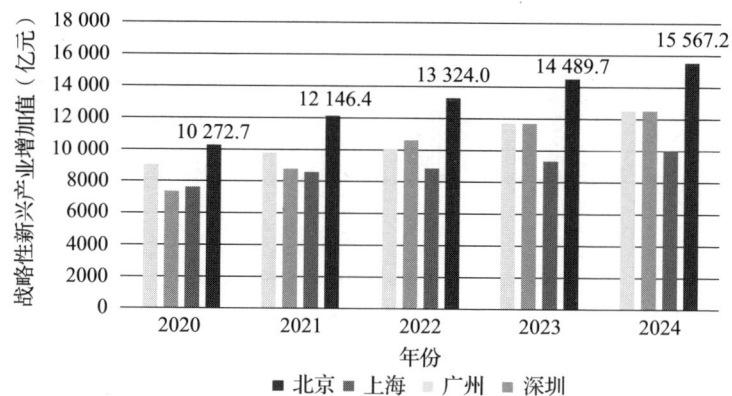

图5-6 2020～2024年四个一线城市战略性新兴产业增加值
资料来源:作者根据四个一线城市统计局网站数据整理。

2020～2024年,深圳战略性新兴产业增加值占深圳GDP比重从37.1%跃升至42.3%,连续五年居四个城市之首,且是唯一突破40%的城市,远超北京的25.1%、上海的23.2%和广州的32.3%,如表5-5、图5-7所示。

表5-5 2020～2024年四个一线城市战略性
新兴产业增加值占各地GDP的比重 (%)

年份	北京	上海	广州	深圳
2020年	24.8	17.6	30.0	37.1
2021年	24.7	18.7	30.5	39.6
2022年	24.8	21.9	30.8	41.1
2023年	25.0	22.7	30.7	41.9
2024年	25.1	23.2	32.3	42.3

资料来源:作者根据四个一线城市统计局网站数据整理。

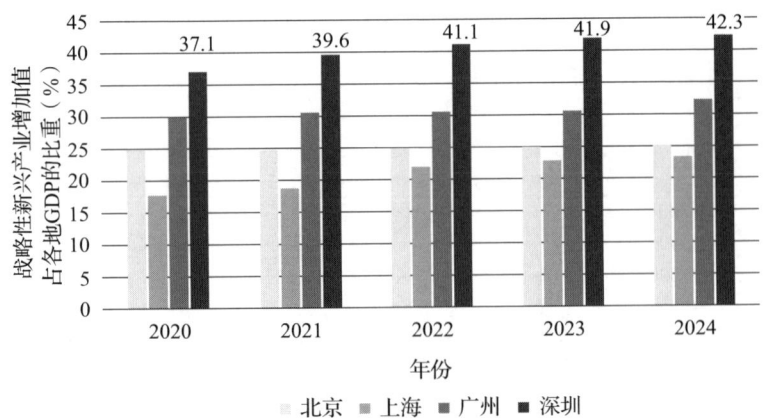

图 5-7 2020～2024 年四个一线城市战略性
新兴产业增加值占各地 GDP 的比重

2020～2024 年,深圳战略性新兴产业增加值增速从 2020 年的 3.1% 稳步攀升至 2024 年的 10.5%,年均增速达 7.2%,增速韧性显著高于北上广,如表 5-6 所示。

表 5-6 2020～2024 年四个一线城市战略性
新兴产业增加值实际增速 （%）

年份	北京	上海	广州	深圳
2020 年	6.2	9.2	3.7	3.1
2021 年	14.0	15.2	7.8	6.7
2022 年	—	8.6	1.7	6.9
2023 年	—	6.9	2.9	8.8
2024 年	5.7	6.4	—	10.5

资料来源:作者根据四个一线城市的统计公报相关资料整理。

我们还可以从深圳 GDP 增速和战略性新兴产业增加值增速的对比中,看到深圳战略性新兴产业增长与发展的良好势头，如表5-7和图5-8所示。

表5-7 2020～2024年深圳战略性新兴产业
增加值增速和GDP增速对比　　　　　（%）

年份	战略性新兴产业增加值增速	GDP增速
2020年	3.1	3.1
2021年	6.7	7.0
2022年	6.9	3.4
2023年	8.8	6.0
2024年	10.5	5.8
五年平均	7.2	5.06

资料来源：作者根据深圳市统计局网站相关资料整理。

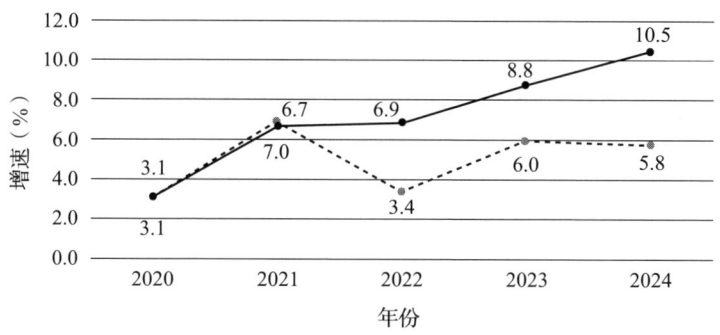

图5-8 2020～2024年深圳战略性新兴产业
增加值增速和GDP增速对比

资料来源：作者根据深圳市统计局网站相关资料整理。

2. 企业主体"量质齐升"，构建集群化竞争优势

在深圳95家国家级制造业单项冠军企业中，88家（占比约92.6%）属于战略性新兴产业，覆盖新一代信息技术、

新能源汽车等 14 个集群梯队。比亚迪（新能源汽车）、大疆（无人机）、华大基因（生物医药）等头部企业，与 1025 家专精特新"小巨人"企业形成产业链协同，集群内企业协作配套率达 65%。

3. 千亿级产业集群爆发，新赛道加速领跑

2024 年，深圳智联网汽车集群增加值约为 1023.72 亿元（同比增长 38.8%），比亚迪新能源汽车销量突破 400 万辆，有关深圳汽车产业的故事可参见专栏 5-3；低空经济集群增加值约为 213.77 亿元（增长 26.4%），大疆占据全球消费级无人机市场 70% 的份额，美团无人机配送覆盖深圳 8 个行政区；人工智能产业规模达 3600 亿元（增长 35%），华为昇腾、腾讯优图等企业推动 AI 专利申请量达 6080 件（全国第二），占全国总量的 18%。

◎ 专栏 5-3

从"汽车荒漠"到"双冠王"的逆袭之路

2024 年，当深圳以 293.53 万辆新能源汽车产量首次摘下"中国汽车第一城"的桂冠并蝉联"中国新能源汽车第一城"时，许多人恍然发现：这座曾被称为"汽车荒漠"的城市，早已在新能源浪潮中悄然改写了中国汽车产业的版图。

1. "零基础"的逆袭

时间倒回2003年,深圳还在为"造车资质"发愁。彼时,比亚迪收购西安秦川汽车,却因属地限制无法在深圳生产。深圳硬是"破例"在龙岗坪山划出180万平方米的土地,让比亚迪以"深圳分公司"的名义扎根。这颗种子在20年后长成了参天巨树——2024年11月,比亚迪下线第1000万辆新能源汽车,成为全球首家达成第1000万辆新能源汽车下线的车企。

从"大哥大电池厂"到"全球新能源车霸主",比亚迪的崛起轨迹与深圳的汽车产业几乎重叠。2021年深圳新能源车产量仅29.95万辆,到2024年已飙升至293.53万辆,相当于每天下线8000辆新车,比广州、重庆全年燃油车产量总和还多。深汕合作区的超级工厂里,仰望U9、腾势Z9GT等高端车型鱼贯而出,每90秒就有一台整车下线,诠释着"深圳速度"的新内涵。

2. "热带雨林"里的造车密码

深圳的逆袭绝非偶然。当传统车企还在燃油车与新能源车间摇摆时,深圳已构建起"楼上研发、楼下量产"的产业生态。

- 技术"鱼池":比亚迪刀片电池将自燃从字典上抹去,华为乾崑智驾让车"看懂"复杂路况,元戎启行的L4级自动驾驶汽车已在港口穿梭。

- 政策破冰：深圳设立全国首个智能网联汽车立法特区，允许自动驾驶车辆"无人上路"；百亿元产业基金直指车规芯片、中央计算平台等"卡脖子"技术。
- 基建革命：全市 40 万个充电桩织成"充电比加油更方便"的网络，光储超充站数量超越加油站，5 分钟补能 300 千米成为常态。

在这座城市的街头，75.9% 的新车已是新能源汽车，公交、出租车全面电动化，连港口拖车都换上了电池——深圳人用脚投票，把试验场变成了大市场。

3. 改写全球规则的"深圳能量"

当特斯拉还在为 4680 电池量产发愁时，深圳已主导制定全球首个《光储超充一体化技术规范》。根据深圳海关发布的数据，2024 年深圳电动汽车出口迅速增长，出口 18.2 万辆，增加 59.7%，价值 307.8 亿元，增长 52.8%。从东南亚的网约车到欧洲的家用车，"深圳标准"正重塑全球补能体系。更深远的变化藏在产业链里：速腾聚创的激光雷达装进奔驰，欣旺达的电池包驱动宝马，华为车机系统登陆保时捷——曾经的"代工之城"，如今成了跨国车企的"技术供应商"。

深圳的故事，是一座城市与时代共振的样本。当传统汽车城还在转型阵痛中挣扎，这座"All in 新能源"的城市已证明：没有历史包袱，或许才是最大的优势。从"追赶者"

到"领跑者",深圳的蜕变,正是中国汽车产业从"市场换技术"走向"技术立全球"的生动注脚。

资料来源:作者根据公开资料整理。

4. 从"政策驱动"到"生态赋能"的产业跃迁

深圳战略性新兴产业的领跑地位,源于"20+8"产业集群政策(2022年出台)与全过程创新生态链的深度融合。当95家单项冠军在14个集群中构建技术壁垒,当每平方千米集聚12家国家高新技术企业时,这座城市正以"头部引领—集群突破—生态赋能"的三级跳模式,重塑中国产业升级路径。其核心启示在于:战略性新兴产业的竞争力,不仅取决于规模增速,更在于能否通过制度创新,如天使母基金、科技悬赏制,将技术优势转化为标准主导权,从而在全球价值链中抢占制高点。

第三节 深圳产业发展的优势和特征

在经济特区体制、创新模式和产业生态等因素的共同作用下,深圳产业发展形成了自身的优势和特征。

一、市场化程度比较高

深圳的产业发展具有高度市场化、以民营企业为主导的特征,创新成本相比其他城市较低。试错成本的下降,有效提升了企业创新动力及创新频次，由此提升了创新的成功率。高度市场化的运营环境既为深圳行业发展带来了竞争压力，又促进了各行业在竞争过程中的迭代升级，提升了行业创新能力。深圳的行业发展具有较高的市场化程度，其主要表现在以下方面。

1. 庞大的商事（经营）主体

深圳市市场主体数量在我国城市中排名第一。截至2024年10月末，深圳市登记在册商事主体4 359 475户，同比增长4.74%。其中，企业2 664 119户，占商事主体总量的61.11%，同比增长约4.26%；个体工商户1 695 356户，占商事主体总量的38.89%，同比增长约5.50%。2024年，深圳国家高新技术企业在4年内增加了6000多家，已突破2.5万家，平均每平方千米拥有12家国家高新技术企业；专精特新"小巨人"企业4年内增加990家，2024年达1025家；国家级制造业单项冠军企业数量4年增长458.8%，2024年达95家。

2. 强大的民营经济

由于历史的、体制的原因，更因为后天的努力，深圳的民营经济和民营企业始终保持良好的发展态势。特别值得称道的是，深圳新兴产业的头部企业几乎都是民营企业。这是深圳城市竞争力的独特体现。图5-9和图5-10分别反映四个一线城市民营经济增加值及其占全市GDP的比重，以及四个一线城市的中国民营企业 500 强入选数量。

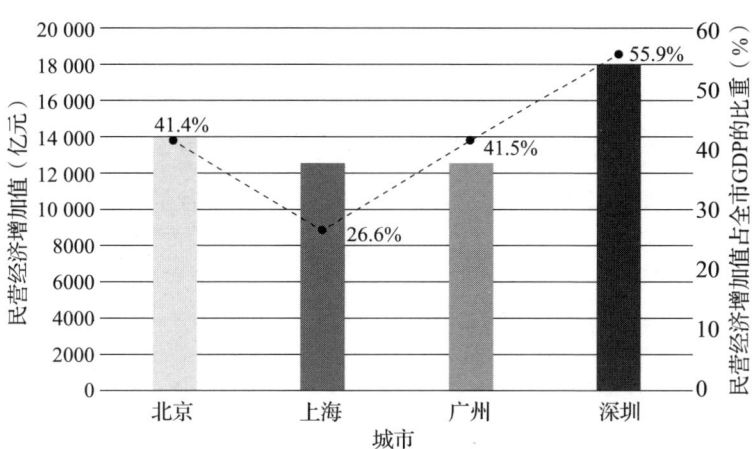

图 5-9 四个一线城市民营经济增加值及其占全市 GDP 的比重

注：特别说明的是，因为数据获取的原因，图中北京的数据是 2019 年的，深圳的数据是 2022 年的，上海、广州的数据是 2023 年的。

资料来源：作者根据各城市官方网站和公开报道数据整理。

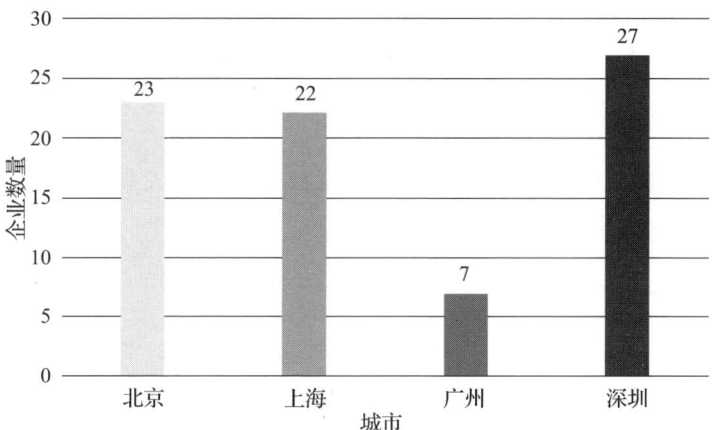

图 5-10 2024 年四个一线城市中国民营企业 500 强入选数量

资料来源：全国工商联发布的《2024 中国民营企业 500 强榜单》。

3. 独特的创新模式

深圳的创新模式以企业自主创新为主体，有"6个90%"的特点，即全市90%的研发机构、研发人员、研发投入、发明专利来自企业，90%的企业为本土企业，90%的重大项目由企业承担，形成了以企业为主体、以市场为主导、产学研用深度融合的科技创新和产业创新体系。

4. 发达的技术交易市场

依托"基础研究＋技术攻关＋成果产业化＋科技金融＋人才支撑"的全过程创新生态链，深圳已建设成较为完善的成果转化生态网络。2024年，深圳技术合同成交数达16 800项，成交额达1605.54亿元，成交额创历史新高。

5. 优良的营商环境

根据全国工商联发布的调查报告，截至2023年，深圳连续四年获评"全国营商环境最佳口碑城市"。根据中国发展研究基金会与普华永道联合发布的《机遇之城2024》报告，深圳在技术与创新、宜商环境两个维度位居全国第一。

二、企业创新程度比较高

企业创新程度主要体现在创新投入、专利数量、人才培养及创新载体等方面。近年来，深圳的上述指标表现出色，均高于全国平均水平。

1. 规模巨大的创新投入

根据深圳市科技创新局 2023 年公布的数据,2023 年深圳研发投入为 2236.6 亿元,连续 9 年实现两位数增长,研发投入强度达 6.46%(见表 5-8)。深圳企业研发投入保持两位数增长,2023 年深圳企业研发投入占全社会研发投入的 93.3%,企业研发投入 2085.78 亿元,排名全国第一。

表 5-8　2019～2023 年四个一线城市全社会研发投入

(单位:亿元)

年份	北京	上海	广州	深圳
2019 年	2233.6	1524.6	677.7	1328.3
2020 年	2326.6	1615.7	774.8	1510.8
2021 年	2629.3	1819.8	881.7	1682.2
2022 年	2843.3	1981.6	988.4	1880.5
2023 年	2947.1	2049.6	1043.0	2236.6

资料来源:作者根据四个一线城市的统计局网站相关资料整理。

2019～2023 年,深圳研发投入从 1328.3 亿元增至 2236.6 亿元,累计增长 68.4%,年均增速 13.7%,增速居四个一线城市之首。2023 年,深圳全社会研发投入超过上海,仅次于北京。

深圳全社会研发投入增速从 2020 年的 13.8% 攀升至 2023 年的 18.9%,增速居四个城市之首,是北京(2023 年约为 3.65%)的 5.2 倍、上海(2023 年约为 4.84%)的 3.9 倍,且远超自身前三年均值(12.3%),凸显深圳"创新突围"的决心,如图 5-11 所示。

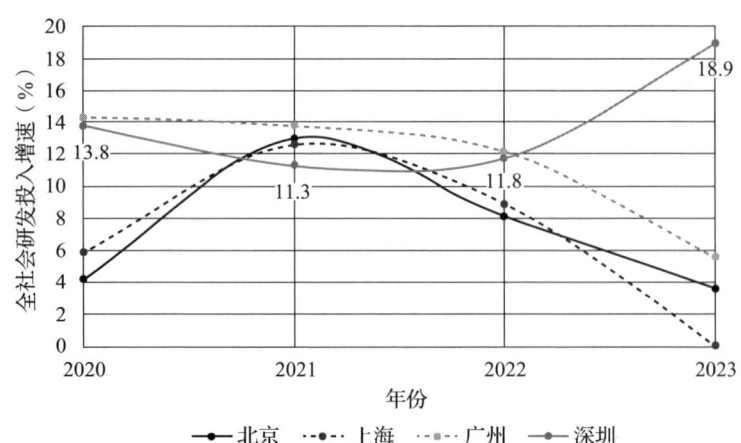

图 5-11 四个一线城市全社会研发投入增速

资料来源：作者根据四个一线城市的统计局网站相关资料整理。

深圳研发投入强度从 2019 年的 4.92% 跃升至 2023 年的 6.46%，年均增长 0.39 个百分点，增速居四个城市之首。北京研发投入强度最高，2023 年是 6.73%，但增速放缓，年均增长 0.1 个百分点，如表 5-9 所示。

表 5-9 2019～2023 年四个一线城市研发投入强度

（%）

年份	北京	上海	广州	深圳
2019 年	6.31	4	2.84	4.92
2020 年	6.47	4.1	3.1	5.44
2021 年	6.41	4.2	3.12	5.46
2022 年	6.84	4.4	3.43	5.79
2023 年	6.73	4.4	3.44	6.46

注：研发投入强度 = 研发投入 / 地区生产总值。

资料来源：作者根据公开数据整理计算。

2. 专利和国际专利数量均高居全国榜首

深圳作为"创新之城",在发明专利方面位居榜首。2024年,深圳发明专利授权量4年增加超4万件,2024年达7.47万件,是2020年的约2.4倍;深圳发明专利有效量连续保持两位数高增长,2024年达35.87万件,是2020年的约2.24倍;深圳高价值发明专利有效量连续保持两位数高速增长,4年翻一番,2024年达到将近20万件。

上海交通大学深圳行业研究院发布的《中国大城强城指数报告2024》显示,深圳市万人专利授权量达162件,仅次于北京(242.2件,排名第1位),位居榜单第2,见表5-10。

表5-10 2024年中国万人专利量排行榜前10名

排名	城市	万人专利授权量（件）
1	北京市	242.2
2	深圳市	162
3	南京市	146.8
4	杭州市	123.9
5	苏州市	100.25
6	武汉市	84.25
7	无锡市	74.72
8	青岛市	71.83
9	西安市	71.53
10	合肥市	70.6

资料来源：《中国大城强城指数报告2024》。

不只是国内专利申请，深圳在 PCT 国际专利申请方面表现同样突出。2023 年，深圳 PCT 国际专利申请量近 1.59 万件，占全国总量的 22.78%，连续 20 年居全国城市首位。其中 7 家深圳企业 2023 年 PCT 申请量总和占深圳申请总量的 89%，头部效应明显。华为技术有限公司 2023 年 PCT 申请量为 6494 件，连续 7 年全球第一。若将深圳和国家放在一起排名，深圳可以排在美国（55 678 件）、日本（48 879 件）、韩国（22 288 件）、德国（16 916 件）之后。中国科学院深圳先进技术研究院 2023 年 PCT 申请量为 696 件，连续 3 年位列全球高校及科研机构第一，并探索多种合作方式进行科技成果转化。

2020～2024 年，深圳 PCT 国际专利申请量始终位居四个一线城市之首，2020 年以 20 209 件登顶，虽受国际环境波动影响（2021～2023 年连续下滑至 15 854 件），但 2024 年凭借卓越的产业创新能力逆势回升至 16 347 件（同比增长 3.1%），总量仍为北京的 1.35 倍、上海的 2.4 倍，如图 5-12 所示。尽管阶段性承压，深圳仍以"先抑后扬"的韧性巩固了全球科创中心地位。

3. 科技创新载体和人才不断增加

（1）科技创新载体加速扩容。截至 2024 年，深圳拥有 1 家国家实验室、12 家全国重点实验室、4 家广东省实验室、

396家深圳市重点实验室等平台载体，高质量建设7家国家级创新中心，全市各类创新载体超4000家。在各类创新载体中，深圳的鹏城实验室发挥了重要的作用（见专栏5-4）。

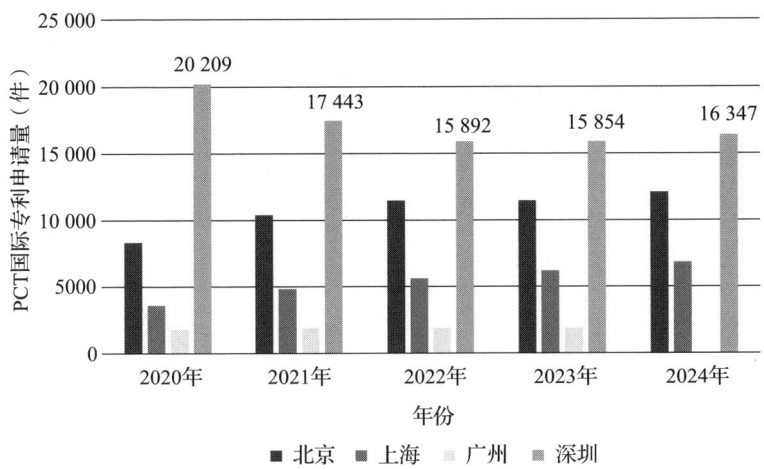

图5-12　四个一线城市PCT国际专利申请量比较

注：暂缺2024年广州数据。
资料来源：作者根据公开数据整理。

（2）各类人才奔赴创新之城。截至2024年，深圳研究与实验发展人员全时当量达46.1万人年，居全国城市首位；全市高层次人才超2.6万人，留学回国人员超22万人，各类人才总量近700万人，920名深圳学者入选"全球前2%顶尖科学家"榜单。技能人才方面，目前深圳市技能人才总量达406万人，高技能人才占比增至39.16%，人才队伍规模和高技能人才占比居全国前列。

◎ 专栏 5-4

鹏城实验室：国家战略科技力量的创新实践与使命担当

作为中央批准成立的突破型、引领型、平台型一体化的新型科研机构，鹏城实验室（PengCheng Laboratory，简称PCL）自诞生起便肩负着攻克网络通信领域"卡脖子"技术，服务国家高水平科技自立自强的历史使命。

鹏城实验室成立于2018年，是中央部署在粤港澳大湾区的国家级科研平台，聚焦宽带通信、新型网络、网络智能三大方向。其建设紧扣"四个面向"要求——面向世界科技前沿、面向经济主战场、面向国家重大需求、面向人民生命健康，旨在解决信息通信领域战略性、前瞻性、基础性重大问题。

鹏城实验室立足深圳中国特色社会主义先行示范区，直接服务大湾区国际科技创新中心建设。2020年被纳入国家实验室体系后，成为我国在信息领域参与全球科技竞争的核心力量之一。

（1）鹏城实验室已有多项标志性成果服务国家需求。

在通信技术领域，鹏城实验室牵头国家6G专项，实现太赫兹通信速率突破100Gbps；在多语言智能领域，"丝路"机器翻译平台支持80种语言互译，服务"一带一路"跨境合作；在量子网络领域，鹏城实验室建成大湾区量子保密通信骨干网，完成星地一体量子密钥分发验证。

（2）产学研深度融合，构建协同创新生态。

鹏城实验室联合华为、腾讯等龙头企业建立12个联合实验室，与全国150余家高校、科研机构形成协同创新网络。其首创的"重点项目＋基础研究"双轮驱动模式，推动"科学发现—技术突破—产业应用"全链条贯通。

（3）创新人才培养机制，打造高端科研梯队。

鹏城实验室与北大、清华等高校实施国家专项博士生联合培养计划，首创"书院制"育人模式，累计培养超过500名高端科研人才。鹏城实验室组建由38位院士领衔、2000余名科研人员构成的多层次团队，形成"院士顶层设计—领军人才攻关—青年骨干实施"的梯队结构。

（4）技术成果赋能产业，助力大湾区数字经济腾飞。

据《粤港澳大湾区数字经济创新发展报告2023》，实验室技术成果已孵化47家科技企业，在智慧城市、工业互联网等领域实现规模化应用。其建设的空天地海一体化通信网络试验场（2025年建成），将助推大湾区数字经济规模突破10万亿元。

（5）鹏城实验室的实践印证了"新型举国体制"在关键核心技术攻关中的有效性。

正如实验室主任高文院士所言："我们不仅要解决'从0到1'的问题，更要实现'从1到100'的跨越。"在党的二十大"完善科技创新体系"的战略指引下，这座年轻的国家实验室正以"交流无障碍、连接无极限、进化无止境"的愿景，书写中国科技自立自强的时代答卷。

资料来源：根据官方网站等公开资料整理。

三、创投资本支持程度比较高

深圳作为国家经济特区，毗邻香港特别行政区，依托于得天独厚的地理优势及国家的政策扶持，其完善的金融体系及丰富的资金来源保障了各行业创新研发资金的充足性。截至2024年12月31日，根据对在中国证券投资基金业协会登记的存续私募管理人注册地的统计，深圳登记机构数量为3088家，仅次于上海（3786家）、北京（3305家）。2024年，深圳新增私募管理人10家，仅次于上海（32家）、北京（16家）。2024年，深圳募集金额为651.3亿元，仅次于北京（1892.79亿元）、上海（756.46亿元），如表5-11所示。

表5-11　2024年中国股权投资市场新募集基金部分城市排名

排名	城市	基金募集金额（亿元）
1	北京	1892.79
2	上海	756.46
3	深圳	651.3
4	苏州	627.62
5	杭州	596.7
6	合肥	477.11
7	广州	436.75
8	成都	342.64

资料来源：清科研究中心，按募集金额排序。

四、引领产业发展的头部企业比较多

行业头部企业（链主企业）的经营模式及技术积累为行业创新提供经验和思路，对整个行业的发展起到良好的促进作用。深圳作为世界级一线城市，孵化和吸引了一批科技型企业，在各个战略性新兴产业领域，几乎都有相应的龙头企业引领和带动行业发展，而且这些行业领袖大多是民营企业。这也从一个侧面印证了深圳产业发展市场化程度比较高的特征。

我们通过专栏 5-5 具体介绍深圳的头部企业。

◎ 专栏 5-5

深圳的世界 500 强企业

世界 500 强榜单由美国《财富》杂志发布，覆盖全球所有国家及地区的企业，自 1955 年首次发布以来，《财富》杂志世界 500 强榜单每年都会评选出全球营业收入最高的 500 家企业。2008 年，正值全球金融危机爆发，中国经济虽然受到了一定冲击，但依然保持了较高的增长速度，自此中国上榜《财富》世界 500 强的企业数量快速增加，一路赶超德法英日等国，并于 2020 年首次超过美国，位列世界第一。深圳的崛起是中国改革开放的缩影。中国改革开放 30 年之际，深圳也在 2008 年迎来了一个重要的里程碑——中国平安成为深圳第一家上榜《财富》世界500强的企业。作为中国改革开放的前沿阵地，深圳凭借其独特的地理位置和政策优势，逐渐成为全球瞩目的创新之城。

2008年，20岁的中国平安完成了从保险公司到综合金融集团的转型，以180亿美元的营业收入首次进入《财富》世界500强榜单，排名第462位，这标志着深圳的企业开始在全球舞台上崭露头角。中国平安的首次上榜故事颇具戏剧性。在2008年度《财富》世界500强排行榜出炉时，中国上榜企业35家（内地企业26家），中国平安不在其列。后经企业申报，《财富》杂志在其网站上刊发澄清说明，确认中国平安以2007年的营业收入应位列第462位。这也是中国平安继两度入选《福布斯》全球500强后，首次进入《财富》世界500强。

中国平安不仅是第一家上榜世界500强的深圳企业，还是第一家上榜的中国内地非国有企业。与许多其他城市依赖国有企业不同，深圳的民营企业如中国平安、华为、腾讯等，凭借市场化的运作和创新的商业模式，迅速崛起并跻身全球顶尖企业行列。这种以民企为主的发展模式，不仅体现了深圳市场经济的活力，也为中国其他城市提供了宝贵的经验。

自2008年中国平安首次上榜以来，上榜世界500强的深圳企业数量整体呈增加态势，我们可以分三个阶段来观察深圳在经济快速发展之下，其产业结构和企业层面发生的变化，参见表5-12。

表5-12 2008～2024年《财富》世界500强深圳上榜企业

年份	数量	企业名称及排名
2008年	1家	中国平安（462）(经申请后入榜)
2009年	0家	—
2010年	2家	中国平安（383）、华为（397）
2011年	2家	中国平安（328）、华为（352）
2012年	3家	中国平安（242）、华为（351）、招商银行（498）
2013年	4家	中国平安（181）、华为（315）、正威国际（387）、招商银行（412）
2014年	4家	中国平安（128）、华为（285）、正威国际（295）、招商银行（350）
2015年	4家	中国平安（96）、华为（228）、招商银行（235）、正威国际（247）
2016年	6家	中国平安（41）、华为（129）、招商银行（189）、正威国际（190）、万科（206）、恒大集团（496）
2017年	7家	中国平安（39）、华为（83）、正威国际（183）、招商银行（216）、万科（307）、恒大集团（338）、腾讯（478）
2018年	7家	中国平安（29）、华为（72）、正威国际（111）、招商银行（213）、恒大集团（230）、腾讯（331）、万科（332）
2019年	7家	中国平安（29）、华为（61）、正威国际（119）、恒大集团（138）、招商银行（188）、腾讯（237）、万科（254）
2020年	8家	中国平安（21）、华为（49）、正威国际（91）、恒大集团（152）、招商银行（189）、腾讯（197）、万科（208）、深投控（442）
2021年	8家	中国平安（16）、华为（44）、正威国际（68）、恒大集团（122）、腾讯（132）、万科（160）、招商银行（162）、深投控（396）

(续)

年份	数量	企业名称及排名
2022年	10家	中国平安(25)、正威国际(76)、华为(96)、腾讯(121)、招商银行(174)、万科(178)、中国电子(324)、深投控(372)、比亚迪(436)、顺丰(441)
2023年	11家	中国平安(33)、华为(111)、正威国际(124)、腾讯(147)、万科(173)、招商银行(179)、比亚迪(212)、中国电子(368)、顺丰(377)、深投控(391)、立讯精密(479)
2024年	10家	中国平安(53)、华为(103)、腾讯(141)、比亚迪(143)、招商银行(179)、万科(206)、深投控(370)、顺丰(415)、中国电子(435)、立讯精密(488)

（1）2008～2015年，深圳的世界500强企业数量从1家增加到4家。除了中国平安，华为、招商银行和正威国际也相继上榜。这些企业大多是深圳土生土长的本土企业，展现了深圳民营经济的强大生命力。特别是华为，作为全球领先的通信设备制造商，其快速崛起不仅推动了深圳的科技创新，也为中国在全球科技领域赢得了话语权。

（2）2015～2020年，深圳的世界500强企业数量从4家增加到8家。这一阶段的增长得益于深圳市政府的大力支持和创新驱动的发展战略。2017年，深圳共有7家企业上榜，分别是中国平安、华为、正威国际、招商银行、万科、腾讯和恒大集团。除恒大集团为当年深圳市政府引入的500强企业外，其他6家都是深圳本土企业。在打造粤港澳大湾区的同时，深圳市政府也在"十三五"规划中明确提出，到

2020年要培养出8～10家本土世界500强企业。这一目标的实现，不仅得益于企业的自身努力，也离不开深圳市政府在创新生态体系建设方面的持续投入。

（3）2020年，中国内地（含香港）上榜世界500强的企业数量首次超过美国，达到124家。《财富》杂志评价"这是中国公司实现的历史性的跨越"，深圳的世界500强企业数量进一步增加，2022年达到10家，2023年增至11家，2024年回落至10家。这一阶段的显著特点是科技创新企业与国有资本的双轮驱动。比亚迪、顺丰、中国电子等企业的上榜，反映了深圳在新能源、物流、电子信息等领域的强劲实力。与此同时，深投控等国有企业的崛起，也显示了深圳在国有资本运作方面的成功。

在深圳的世界500强企业中，一些企业的排名快速攀升，展现了强大的竞争力。例如，中国平安从2008年的第462位上升到2021年的第16位，华为从2010年的第397位上升到2021年的第44位，腾讯从2017年的较低排名迅速攀升，比亚迪成为2023年排名提升最多的中国公司。这些企业的成功，不仅得益于其自身的创新能力和市场拓展，也反映了深圳作为全球科技创新中心的地位。

然而，也有一些企业从榜单上消失。正威国际和恒大集团曾是深圳的世界500强企业，正威国际以铜业起家，后涉足新能源、金融等多个领域，其创始人王文银曾被称为

"世界铜王",号称"坐拥全球10万亿元矿产"。在巅峰时期,两家企业的创始人交往甚密——王文银以铜业为杠杆撬动资本神话,许家印则用高周转模式将恒大集团推上地产帝国之巅。好景不长,铜价波动,暴露出正威国际虚增资产、挪用资金;楼市调控加码,更让恒大2.4万亿元的债务危机浮出水面,刺破地产狂飙时代的泡沫。两大巨头的跌落,不仅是个别企业的悲剧,也是对盲目扩张的彻底清算。

中国上榜企业的城市分布,十几年来也发生了较大变化。坐拥大量国央企总部的北京,连续12年蝉联全球世界500强上榜企业最多的城市,但在数量上从巅峰时期的56家下降至49家。上海的上榜企业为13家,除新增入榜企业拼多多(442位)外,其他12家企业均为多年在榜企业,央企(9家)占比高,企业多属传统产业,利润率(1%)低于上榜企业平均水准(7.2%)是目前上海乃至大多数中国上榜企业的现状。杭州的上榜企业从2017年的3家大幅增至9家,仅2024年就新增了杭实集团(杭州市实业投资集团有限公司)和海亮集团两家上榜企业,分别展现了国有"耐心资本"和民企的强劲发展。广州上榜企业为6家。

作为中国一线和新一线城市,北京、上海、广州、深圳、杭州在2024年世界500强榜单上展现出不同的竞争格局。北京和上海凭借众多国央企总部占据榜单前列,但传统产业增长乏力，产业结构转型升级压力较大。深圳则以华为、腾讯等科技巨头引领，民营经济活力充沛，科技创新驱动效应显著，成为中国乃至全球经济发展的引擎。杭州以阿里巴巴等互联网巨头为核心，民营经济蓬勃发展，展现出数字经济和先进制造业的强劲动力。广州作为传统制造业基地，上榜企业仍以广汽集团、南方电网等传统企业为主，产业结构转型升级步伐缓慢，与深圳的差距逐渐拉大。这种路径依赖暴露出珠三角"双核城市"的发展失衡——深圳在创新裂变，广州仍在存量调整。

自2008年以来，《财富》世界500强的上榜门槛已从167亿美元提高至321亿美元，上榜企业的营业收入总和约为41万亿美元（2024年），约为全球GDP的1/3。从中国平安的率先上榜，到华为、腾讯、比亚迪等科技巨头的崛起，再到深投控等国有企业的成功运作，深圳展现了其在科技创新、产业结构调整和国有资本运作等方面的优势，如表5-13所示。2024年上榜的中国企业呈现出数量和经营质量的双重滞涩，反映了以营业收入作为筛选企业的单一标准，已经不能精准反映一个国家和地区的经济发展情况。腾讯入选"最赚钱的50家公司"，华为走出制裁阴霾后盈利123亿美元，以及比亚迪引人注目的营收增长速度，就像平静水面下的暗流涌动，以此为代表的高新科技产业正在酝酿着新一轮结构性改革和发展浪潮。

表 5-13 2024 年《财富》中国 500 强深圳上榜的 39 家企业

排名	企业名称	排名	企业名称	排名	企业名称	排名	企业名称
14	平安	154	招商蛇口	272	创维	399	海王生物
31	华为	179	中集集团	282	微众银行	408	迈瑞医疗
38	腾讯	183	中兴通讯	283	中金岭南	437	鹏鼎控股
40	比亚迪	186	神州数码	289	传音控股	448	深圳燃气
52	招商银行	207	深圳立业	295	金雅福控	451	中国宝安
58	万科	212	金地集团	310	华侨城	454	格林美
92	深圳投控	219	爱施德	332	欣旺达	456	汇川技术
109	顺丰	234	中广核电力	334	龙光集团	490	天健集团
114	中电信息	248	阳光保险	348	天行云供应链	495	国银租赁
133	立讯精密	251	新里程控股	374	深圳能源		

第四节 深圳正在培育发展壮大"20+8"产业集群

一、"20+8"的背景：政策迭代推动产业体系升级

深圳以政策创新引领产业布局优化。2022 年 6 月，深圳出台《深圳市人民政府关于发展壮大战略性新兴产业集群和培育发展未来产业的意见》，首次提出培育发展"20+8"产业集群，明确将 20 个战略性新兴产业集群和 8 大未来产业作为现代化产业体系的核心框架。

这一政策旨在破解产业链关键环节"卡脖子"问题，提升产业竞争力。2024 年 3 月，《关于加快发展新质生产力进

一步推进战略性新兴产业集群和未来产业高质量发展的实施方案》发布，对"20+8"体系进行升级，强化技术攻关与成果转化。同年12月，《深圳市战略性新兴产业与未来产业空间布局规划（2024—2035年）》落地，提出"20+20"产业空间格局，为未来十余年的产业集群发展预留土地载体，形成"产业—空间—政策"三位一体的支撑体系。

二、"20+8"的内容：聚焦七大领域与四大未来方向

1. 战略性新兴产业瞄准七大核心领域构建产业高地

深圳聚焦新一代电子信息、数字与时尚、高端制造装备、绿色低碳、新材料、生物医药与健康以及海洋经济七大领域，实施差异化技术攻关。在新一代电子信息领域，深圳重点突破网络通信、半导体与集成电路、超高清视频显示等技术，例如华为5G基站全球市场份额已超30%。在数字与时尚领域，深圳着力推动基础软件和工业软件国产化，例如，中望软件三维CAD产品打破国外垄断。

2. 未来产业布局四大前沿赛道抢占先机

合成生物、光载信息、细胞与基因、智能机器人四大产业强化应用技术突破，例如华大基因已建成全球最大基因测序平台。脑科学与脑机工程、深地深海、量子信息、前沿新材料四大领域侧重基础研究，鹏城实验室量子计算云平台实

现百位量子比特操控,为产业化奠定基础。

三、"20+8"的成效:高质量发展引擎作用凸显

1. 战略性新兴产业成为经济增长核心动力

自 2022 年政策实施以来,深圳战略性新兴产业增加值从 2022 年的 1.33 万亿元增长至 2024 年的 1.56 万亿元,年均增速超 9%,占 GDP 比重从 41.1% 提升至 42.3%。2023 年规上工业总产值达 4.85 万亿元,2024 年突破 5 万亿元大关,连续两年蝉联全国城市工业"双第一"。

2. 未来产业创新生态加速形成

深圳的国家高新技术企业数量从 2022 年的 2.1 万家增至 2024 年的 2.5 万家,深圳的 PCT 国际专利申请量占全国近 1/4,大疆无人机、奥比中光 3D 传感器等产品全球市场份额超 80%。光明科学城集聚 24 个重大科技基础设施,脑解析与脑模拟装置已服务全球 300 余家科研机构。

四、"20+8"的展望:构建世界级产业集群标杆

1. 2025 年目标锚定万亿级产业矩阵

深圳计划到 2025 年打造 4 个万亿级产业集群(新一代电子信息、绿色低碳、生物医药、高端装备)、4 个五千亿级产业集群(新材料、数字与时尚、海洋经济、智能网联汽

车),战略性新兴产业增加值突破1.6万亿元。

2.实施路径强化三大支撑

在技术攻坚方面,深圳推行"链长制",由市领导牵头突破EDA软件、高端医疗器械等"卡脖子"环节;在空间保障方面,未来5年深圳将新增72平方千米产业用地,重点建设20大先进制造园区;在生态构建方面,深圳深化"科技—产业—金融"循环,设立千亿级产业集群基金,开放智慧城市等300个应用场景加速技术商业化。通过"20+8"体系持续升级,深圳正从"产业跟随"转向"创新引领",为中国式现代化提供实践样本。

从政策布局到空间规划,从技术突破到产业跃升,"20+8"产业集群战略正在重塑深圳的产业基因。这座创新之城通过"强链、补链、延链"的系统性变革,展现出从"单项冠军"向"全能选手"进化的强大势能,为全球产业变革贡献"深圳方案"。

第五节 深圳产业发展的"危"与"机"

一、深圳产业进一步发展的挑战

深圳产业发展面临着诸多挑战,这些挑战关乎深圳建设现代化产业体系的成效,其主要体现在以下几个方面。

1. 基础研究短板制约技术自主性

深圳虽以应用创新见长,但基础研究投入不足导致核心技术"卡脖子"问题突出,研发投入结构失衡。尽管全社会研发投入强度较高,但长期聚焦应用开发研究,基础研究经费占全社会研究与试验开发经费比重显著低于其他3个一线城市。2023年,全国基础研究经费支出占全社会研发经费支出的比重为6.77%,北京为16.03%,上海为10.56%,深圳为4.28%,广州为12.96%,如表5-14所示。关键技术如半导体材料、工业软件等依赖进口,光刻机等核心设备基本受制于人。

表5-14 全国及四个一线城市基础研究经费占全社会研发经费支出的比重 (%)

年份	全国	北京	上海	深圳	广州
2020年	6.01	16.04	7.94	4.85	14.19
2021年	6.50	16.07	9.77	7.25	13.58
2022年	6.57	16.55	9.11	4.30	12.24
2023年	6.77	16.03	10.56	4.28	12.96

资料来源:作者根据国家及相关城市统计年鉴统计整理。

2. 高端人才竞争加剧与流失风险

深圳的高房价、高生活成本以及教育资源相对不足,导致高端人才吸引力下降,尤其在人工智能、生物医药等前沿领域。同时,国内其他城市(如北京、上海、杭州等)和海外地区也在加大人才引进力度,加剧了人才竞争。高端人才是产业升级和科技创新的核心驱动力,人才流失或吸引力不足将直接影响深圳的长期竞争力。近年来,部分科技企业的高管和研发人员选择回流内地其他城市或前往海外发展,反映了深圳在人才竞争中的压力。

3. 成本高企挤压产业空间与利润

深圳的土地、劳动力、能源等生产要素成本持续上升,尤其是土地资源紧张,导致企业运营成本高企。2024年,深圳工业用地价格位居全国前列,部分企业选择外迁至成本更低的地区。成本上升挤压了企业的利润空间,尤其是中小企业和劳动密集型产业,面临较大的生存压力。近年来,部分制造业企业将生产基地迁至东莞、惠州等周边城市,甚至转移到东南亚地区,以降低运营成本。

二、深圳产业进一步发展的机遇

深圳产业发展面临着诸多机遇,这些机遇为深圳产业的持续升级和创新发展提供了强大动力,主要体现在以下几个方面。

1. 政策机遇为产业发展提供有力支撑

国家战略层面的支持,如粤港澳大湾区建设,赋予深圳在大湾区中关键的发展使命,使其能够整合区域资源,实现产业协同发展。例如,深圳在大湾区的规划中承担着科技创新的重要角色,通过与周边城市的合作,深圳能够吸引更多高端创新要素汇聚。同时，特殊区域如前海深港现代服务业合作区、河套深港科技创新合作区的建设，带来了独特的政策红利，例如，河套地区可探索更灵活的科研管理和人才流动政策，吸引国内外高端资源，为产业发展注入新活力。此外，国家对新兴产业的政策扶持，如对新能源汽车的补贴和产业支持，有助于深圳相关企业扩大规模、提升技术。

2. 创新机遇激发产业发展的内生动力

深圳拥有完善的创新生态，众多高校、科研机构与创新企业紧密合作，形成了产学研用协同发展的良好局面。活跃的创新创业氛围催生了大量创业园区、孵化器和加速器，如深圳湾科技生态园，聚集了众多创新型中小企业，它们之间的互动交流促进了创新思想的碰撞和创新成果的产生。同时，深圳在新兴技术领域不断取得突破，5G通信技术处于全球领先地位，为物联网、智能制造业等相关产业的变革提供了技术支撑；对于人工智能、区块链、量子计算等前沿技术也在积极探索和应用，为企业开拓新市场和业务领域创造了条件。

3. 市场需求机遇拓展产业发展的广阔空间

国内市场的需求增长为深圳产业发展带来了巨大潜力。随着中国经济的发展和消费升级，国内市场对高端制造产品、智能产品、绿色环保产品等的需求持续增加。深圳的电子信息、智能家居、新能源汽车等产业能够满足这些需求，实现产业规模的扩大和效益的提升。例如，新能源汽车市场的快速发展，为深圳相关企业提供了广阔的发展空间。此外，国家对新基建的大力投资，如5G基站建设、数据中心建设等，也为深圳的相关产业提供了广阔的市场机遇。在国际市场方面，"一带一路"倡议为深圳企业拓展海外市场提供了契机，深圳的通信设备、消费电子等产品在沿线国家具有很大的市场潜力。同时，在全球产业转移趋势下，深圳凭借自身优势，有机会承接高端制造业和服务业的转移并对其进行升级发展。

4. 产业转型机遇推动产业结构优化升级

传统产业的升级为深圳产业发展带来了新的增长点。例如，深圳的传统制造业如服装、玩具等行业可以通过智能化改造、品牌建设等方式实现转型升级，提高生产效率和产品质量，提升产品附加值。同时，新兴产业培育是深圳产业发展的重要方向，深圳积极培育"20+8"产业集群，在新一代信息技术、人工智能、生物医药等新兴产业领域加大投入和政策扶持，有望培育出一批具有全球竞争力的领军企业，推动产业结构向高端化、智能化、绿色化方向发展。

三、建设现代化产业体系的展望

1. 强化基础研究，突破"卡脖子"技术瓶颈

深圳虽在应用创新领域领先，但基础研究薄弱仍是制约

产业自主可控的关键。未来需要通过以下举措夯实根基：其一，加大基础研究投入。提高研发经费占比至7%以上，设立专项基金支持半导体、合成生物、量子计算等前沿领域。其二，构建协同创新平台。依托光明科学城、河套深港科技创新合作区等载体，联合高校、科研机构与企业共建实验室，推动"基础研究—技术攻关—产业化"全链条贯通。例如，借鉴日本"产业界+学术界"模式，鼓励企业主导科研项目，缩短技术转化周期。其三，完善人才梯队。通过"科研孔雀计划"引进顶尖科学家，同时加强本土高校（如南方科技大学）学科建设，定向培养基础研究人才，弥补"金字塔尖"人才缺口。

2. 聚焦"20+8"产业集群，打造全球标杆性产业矩阵

深圳已形成"4个万亿级+4个五千亿级"产业集群，未来需要通过精准布局和资源倾斜，推动集群向高端化、国际化迈进。其一，推动战略性新兴产业规模化。依托比亚迪、华为等龙头企业，完善充电桩、智能路网等基础设施，打造全球领先的自动驾驶测试与应用示范区。加快无人机物流、城市空中交通（UAM）试点，抢占全球低空经济话语权。其二，未来产业前瞻布局。建设大鹏新区生物育种基地，推动生物制造、合成药物等技术研发与产业化。联合香港大学、深圳神经科学研究院等机构，突破脑信号解析、植入设备等

核心技术，抢占医疗与交互设备市场先机。其三，提供空间保障。通过"工业上楼""M0新型产业用地"释放产业用地空间，优化产业园区功能分区，实现"研发＋制造＋服务"一体化。

3. 推动数字化转型，重构产业竞争优势

数字化是深圳产业升级的核心引擎，需要从"单点应用"向"系统赋能"转型。其一，推动工业互联网深化应用。推广富士康"灯塔工厂"经验，支持中小企业上云用云，降低数字化改造成本，加快人工智能全域渗透。其二，构建"芯片—算法—应用"全链条。推动 AI 在司法、医疗、教育等场景深度落地。例如，开发城市级 AI 中枢，实现交通调度、应急响应等智能化管理。其三，推动数字孪生城市建设。打造覆盖全市的"数字孪生底座"，模拟城市运行状态，优化资源配置与决策效率。

4. 深化制度型开放，构建国际创新共同体

深圳需要突破地理与政策边界，通过开放创新链接全球资源。其一，促进跨境要素流动。在前海、河套合作区试点数据跨境确权、科研设备免税通关，吸引港澳及国际科研团队入驻。其二，规则对接国际标准。借鉴新加坡、迪拜经验，制定绿色金融、数据隐私保护等国际接轨规则，提升深圳在全球产业链中的话语权。其三，鼓励企业国际化布局。

支持华为、大疆等企业通过海外并购、设立研发中心等方式，嵌入全球创新网络，输出"深圳标准"。

5. 优化人才与成本结构，平衡可持续发展

在未来的发展中，深圳应该让人才政策的实施更加精准。其一，针对人工智能、生物医药等领域实施"靶向招聘"，提供住房、科研启动资金等定制化支持。其二，完善保障性住房体系，降低人才生活成本，推动教育、医疗资源均衡配置，增强人才归属感。其三，创新成本管控机制。在用地成本方面，探索"工业用地年租金制"替代一次性出让，减轻企业短期压力；在用工成本方面，推广"机器换人"与技能培训结合模式，提高劳动生产率，对冲人力成本上涨。

深圳现代化产业体系建设的关键在于，将"创新基因"转化为系统性优势。未来需要以基础研究突破"筑基"，以产业集群发展"立柱"，以数字化转型"赋能"，以开放合作"拓界"，最终构建一个更具韧性、活力与全球竞争力的现代化产业生态。这一过程中，政府需要扮演好"制度设计师"的角色，市场则要充分发挥资源配置的决定性作用，唯有两者协同，方能实现从"全球工厂"到"全球创新策源地"的跃迁。

06 第六章 城市
从边陲小镇到一线城市

从边陲小镇发展到一线城市，深圳给人最直观的感受就是其经济规模和人口规模的变化，以及城市化水平的提高。人口规模的变化在第二章中我们已经介绍过，在第六章中，我们主要从经济增长及相关指标和城镇化两个维度来看一看深圳从边陲小镇发展到一线城市的轨迹。同时我们还需要从城市发展内涵的角度，回顾深圳成为一线城市的历程。我们将围绕深圳城市空间及体制演变、城市建设的大事要事、城市精神和城市文化的形成三项内容来展开这一章的讲述。

第一节　经济规模和城市化水平的跃迁

以下统计数据可以直观地展示深圳在40多年里发生的翻天覆地的变化。

1. 深圳的经济总量居全国城市第三

表6-1与图6-1反映了各年份深圳经济规模及增长率的变化，通过图表中的数据我们发现，深圳的经济规模及增速

的扩张是极其惊人的。1980～2024 年，深圳 GDP 复合增长率达到了 18.79%。

表 6-1　各年份深圳市 GDP 及复合增长率

年份	GDP（现价，亿元）	复合增长率（可比价，%）	复合增长率区间（年）
1980 年	2.70	—	—
1985 年	39.02	50.33	1980～1985
1990 年	171.67	22.45	1985～1990
1995 年	842.79	30.92	1990～1995
2000 年	2219.20	16.48	1995～2000
2005 年	5035.77	16.41	2000～2005
2010 年	10 069.06	13.50	2005～2010
2015 年	18 436.84	9.75	2010～2015
2020 年	27 759.02	7.10	2015～2020
2024 年	36 801.87	5.44	2020～2024

注：地区生产总值按现价计算；复合增长率按不变价计算。
资料来源：作者根据深圳市统计局网站相关资料整理。

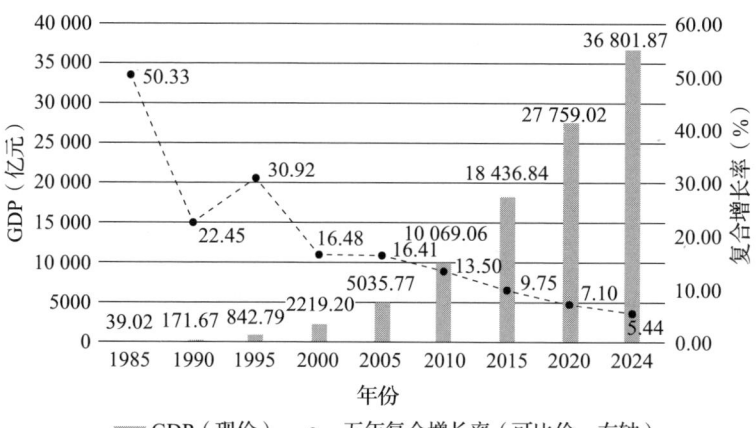

图 6-1　各年份深圳 GDP 及复合增长率

资料来源：作者根据深圳市统计局网站相关资料整理。

第六章　城市：从边陲小镇到一线城市

2024年，深圳的地区生产总值位列全国城市第三，约是上海的68%（见图6-2）。深圳的经济规模在2012年首次超过广州，排名全国第三。当年，深圳地区生产总值为13 496.3亿元，广州为13 194.7亿元。近年来，人们更多地用人均可支配收入代替人均GDP，反映城市经济的人均规模。和地区生产总值位列第三一致，深圳的人均可支配收入位列四个一线城市的第三（见图6-3）。人均公共预算支出反映在一定经济规模条件下，城市提供公共服务的水平。深圳人均公共预算支出也位列上海、北京之后，位列四个一线城市中的第三（见图6-4）。经济高质量发展的一个具体要求是，居民人均可支配收入和人均公共预算支出增长，应适当高于经济规模增长。

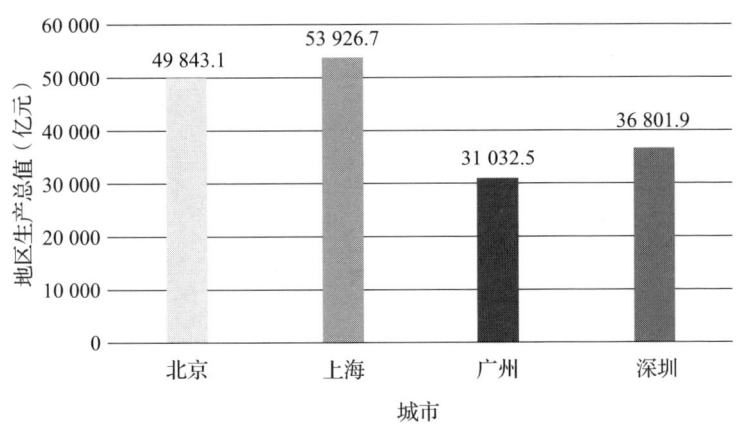

图6-2　2024年四个一线城市地区生产总值（GDP口径）对比
资料来源：作者根据相关城市统计局网站相关资料绘制。

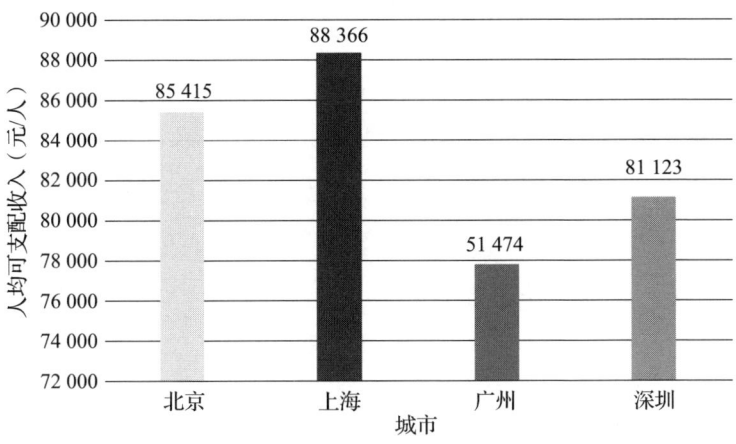

图 6-3　2024 年四个一线城市人均可支配收入

资料来源：相关城市统计局网站。

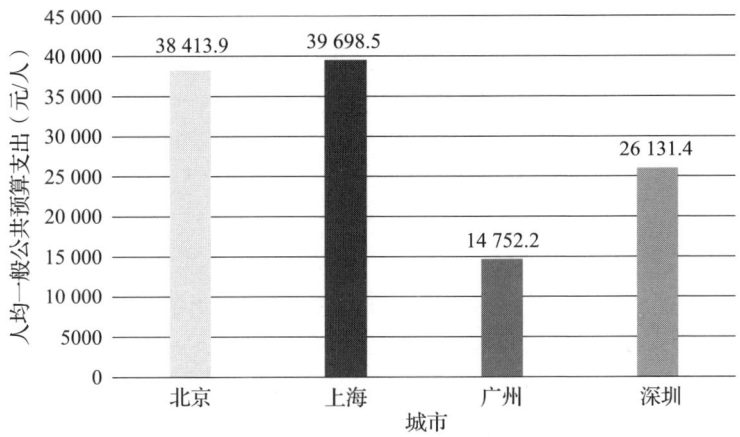

图 6-4　2024 年四个一线城市人均一般公共预算支出

资料来源：作者根据相关城市统计局网站相关资料绘制。

2. 深圳的城镇化率接近 100%

过去四十多年里，深圳的工业化和城市化是紧密联系在一起的。工业化的成果就是基本建立了现代化产业体系,并稳步进入后工业化社会。对此,我们在第五章已经做了分析和阐述。1980年,深圳市户籍人口约33万人,其中,城镇人口约1万人,城镇化率为3%,深圳基本是一个农村化地区。2023年,深圳的城镇化率为99.8%,在四个一线城市中,深圳的城镇化率是最高的(见图6-5)。

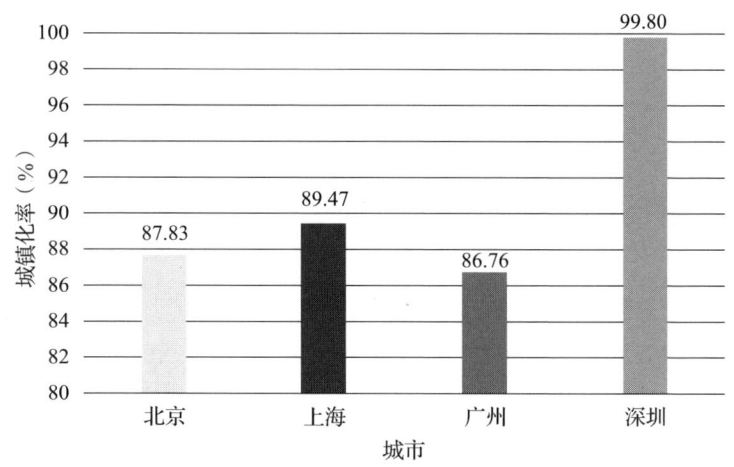

图6-5　2023年四个一线城市城镇化率

资料来源:作者根据相关城市统计局网站的相关资料绘制。

第二节　深圳城市空间及体制的"蝶变"

深圳从一个边陲小城演变为一线城市,在这个过程中,有两条演变的线索值得关注,其一是空间变化,其二是体制变化。这两条线索的演变经常是交织在一起的。

一、深圳经济特区与深圳市空间一体化

从1979年3月国务院批复成立深圳市的文件中，我们知道，深圳市从宝安县改设而来，宝安县的行政区域就是深圳市的行政区域，当年宝安县约2000平方千米，直到今天，深圳市还是这么大。尽管有填海造地，空间实际上有所增加，但如前所述，"填海造地面积在地理上并没有显著增加深圳市的总体轮廓面积，只是在原有海岸线的基础上向外扩展，形成新的陆地"。这里需要地理学的专业测量和计算，作者非此专业人士不便置评。目前，官方公布的深圳市面积为1997.47平方千米。

不过，早期的深圳有经济特区和深圳市"两说"。1980年8月，深圳经济特区的面积为327.5平方千米，占深圳市总面积的16.21%，其界线分为"一线"与"二线"。"一线"是深圳与香港接壤的7.5千米边境线。"二线"是深圳经济特区与内地分界的84.6千米的边界线，东起深圳盐田区梅沙背仔角，西至宝安区南头安乐。这条线被称为"特区管理线"或"二线关"，用高达近3米的铁丝网隔离，将深圳分为特区内和特区外，俗称"关内"和"关外"。

2010年5月27日，国务院批复同意将深圳经济特区范围扩大到深圳全市，将宝安、龙岗两区纳入特区范围。同

年7月1日，深圳经济特区范围从原来的福田、罗湖、南山、盐田四区延伸到全市，龙岗、宝安正式成为特区的一部分，特区面积从327.5平方千米扩大至1952.8平方千米，深圳进入一体化发展的全新时代。一个让深圳人翘首已久的"大特区"诞生了，为深圳在下一个30年的大发展、建设现代化国际化大都市扫清了障碍，为深圳在更大空间和平台上发挥示范带动作用，继续在中国改革进程中承担更大使命奠定了基础。这是深圳发展史上一次重要的空间一体化。

多年后，有学者认为，将特区的名称定为经济特区，其主要任务和功能相应明确了，即从以出口加工、贸易合作为主转变为以改革试验为主，并将其上升到国家战略层面，特区的性质发生了根本变化。这个变化要求经济特区从一开始就实行社会主义市场经济体制，开启中国特色社会主义的伟大实践。

二、用"飞地模式"拓展发展空间

深圳经济超常规地快速增长，各项社会事业也同时迅速发展，进而，用地需求剧增。一方面，深圳的建成区面积不断扩大，另一方面，深圳一直在寻求更大的发展空间。2011年设立"深汕特别合作区"（简称"合作区"），就是一个具体的措施（见专栏6-1）。合作区聚焦高端制造、新能源、机器人等新兴产业的发展,为深圳提供了产业转移和分工空间。当然,空间拓展只是合作区的初衷之一。合作区对区域平衡,缓解珠三角与粤东发展差距,推动汕尾融入大湾区一体化发展;对制度创新,探索行政区与经济区适度分离改革,建立跨行政区合作机制,如税收分成、土地管理、公共服务均等化等,也起到了积极作用。

合作区初期由深圳市和汕尾市共建,探索区域合作新模式。2017年,合作区调整为深圳全面主导,赋予合作区地级市管理权限;2018年,合作区被纳入粤港澳大湾区发展战略;2020年,合作区升级为深圳第"10+1"区(功能区)。

◎ 专栏6-1

飞地模式:深汕特别合作区

在两个互相独立、经济发展水平存在落差的行政地区打破原有行政区划限制,通过跨空间的行政管理和经济开发,实现两地资源互补、经济协调发展的区域经济合作模式,被称为飞地经济模式(简称为"飞地模式")。为了促进广东省省内区域经济协调发展,优化产业空间布局,并缓解深圳土地资源紧缺难题,深圳与周边城市合作建立飞地模式,就成为一种可行的选择。深汕特别合作区就是在这样的背景下设立的。

深汕特别合作区位于汕尾市海丰县，包括鹅埠、小漠、鲘门、赤石四镇，总面积 468.3 平方千米，包括农用地 407.52 平方千米，未利用地 13.55 平方千米，建设用地 47.23 平方千米。其中，可建设用地 145 平方千米，海岸线长 69.8 千米，区内常住人口为 7.65 万人。

2011 年 2 月，广东省委、省政府批复《深汕（尾）特别合作区基本框架方案》，标志着深汕特别合作区的正式成立。2011 年 5 月 21 日，广东省委、省政府将"中共深汕特别合作区工作委员会""深汕特别合作区管理委员会"牌子授予深圳、汕尾两市，深汕特别合作区正式运作，标志着合作区开发建设进入了全面推进、加快发展的新阶段。

然而，自 2011 年 5 月授牌成立以来，出于规划未明确、体制未理顺等原因，深汕特别合作区的发展一度停滞。直到 2014 年，各项工作才得以全面展开。2017 年 9 月，广东省委、省政府为进一步推进深汕特别合作区建设，下发粤委〔2017〕123 号文件，对深汕特别合作区的体制机制进行调整，明确深汕特别合作区成为深圳市的一个经济功能区，由原有的深圳、汕尾共同管理转变为深圳全面主导、汕尾积极配合，深圳市全面负责特别合作区经济社会事务，并按"10+1"（深圳 10 个区 + 深汕特别合作区）模式给予全方位政策和资源支持，合作区党工委、管委会调整为深圳市委、市政府派出机构。

新体制给深圳提出了新要求和新目标。深汕特别合作区作为新时期改革开放的试验区，如何探索出一条跨区域的一体化发展之路？如何在深圳东进、粤东振兴和珠三角产业转移的过程中扮演重要角色？如何服务于全省区域创新和产业协同战略？

2018年，广东省政协十二届一次会议发布了《关于加快推进深汕特别合作区和深圳一体化发展的提案》，指出了深汕特别合作区发展前期的四点不足：一是深汕特别合作区的区域定位较低，行政管理体制机制不完善。二是合作区建设用地指标不足，产业发展目标不明确，与深圳市的产业布局未形成互补局面。三是深汕特别合作区地理位置特殊，缺乏多层次快速交通，难以实现同城化。四是深汕特别合作区基础设施建设滞后，合作区内民生事业成为发展短板。这个提案准确地反映了深汕特别合作区发展的问题。

几年过去了，深汕特别合作区交出了怎样的答卷？2024年，深汕特别合作区地区生产总值为242.15亿元，按不变价格计算，同比增长74.2%，增速远超广东省及深圳市平均水平。以新能源汽车产业为核心，合作区形成"一主三辅"产业格局（新能源汽车为主，新型储能、高性能材料、智能制造装备为辅）。得益于比亚迪在合作区的龙头作用，深汕比亚迪汽车工业园一期满产、二期产能爬坡、三期动工，2024年整车产量超25万辆，带动近30家产业链企业集聚，打造世界级汽车制造城。在港口与物流方面，小漠国际物流港新增4条外贸滚装航线，2024年汽车出口超5万辆，成为盐田港东翼的核心枢纽。

资料来源：作者根据相关网站资料整理。

三、深圳都市圈横空出世

改革开放以来，我国城市发展的空间演化表现出两种基本形态：集聚发展和集群发展。这和其他大国的城市发展空间样态是一致的，也符合区域经济和城市经济理论揭示的空间发展规律。集聚发展首先出现在东南部地区。基本国情、城镇化率和行政力量等因素决定了改革开放初期我国城市的集聚发展模式。经济特区是最初的集聚发展类型，此后的沿海开放城市、计划单列市和国家级新区都是集聚发展的具体形式。

2010年，《全国城镇体系规划（2010—2020年）》在明确了国家中心城市的定义与功能的基础上，规划了全国首批国家中心城市。到目前为止，国家有关规划和文件中先后明确的中心城市有九个：北京、天津、上海、广州、重庆、成都、武汉、郑州、西安。可见，国家中心城市是在直辖市和省会城市层级之上出现的"塔尖"，集中了我国城市在空间、人口、资源和政策上的主要优势，是城市集聚发展的典型代表。

近十多年来，我国出现了城市集群发展模式。城市集群发展的逻辑是，从大城市到中心城市，再到都市圈和城市群。大城市和中心城市是城市集群发展的起点，都市圈是城市集群发展的落地形态，城市群是城市集群发展的平台，也可以说是完成形态。我国的省域行政区经济正在向以中心城市为龙头的都市圈、城市群经济转变。都市圈已经成为我国新的区域增长极。

在我国城市集群发展的实践中，城市群和都市圈的概念经常是混用的。城市群的概念使用得比较多，且很多情况下，在讲都市圈的事情时，用的却是城市群的概念。这种情况在2019年以后发生了变化。当年2月，国家发展改革委下发《国家发展改革委关于培育发展现代化都市圈的指导意见》（简称《意见》）。《意见》根据国际经验和我国实际，明确了城市群和都市圈的概念及二者的关系。《意见》指出："城市群是新型城镇化主体形态，是支撑全国经济增长、促进区域协调发展、参与国际竞争合作的重要平台。都市圈是城市群内部以超大特大城市或辐射带动功能强的大城市为中心、以1小时通勤圈为基本范围的城镇化空间形态。"也就是说，每个城市群一般都有两个及以上的都市圈。至此，我国都市圈规划、建设和发展进入常态化。《深圳都市圈发展规划》（见专栏6-2）就是目前经国家发展改革委函复的14个都市圈发展规划之一。

◎ 专栏 6-2

深圳都市圈

由于历史的、现实的原因,深圳在中国一线城市中面积最小。关于深圳空间扩容的问题,官方一直在谋划、在努力,已经形成了一个"飞地模式"——深汕特别合作区,就是例证。不过,根据近年来国家的思路和政策,在行政区划上做出改变,扩大一个城市的面积,这种可能性比较小。

在区域经济一体化、城市集群发展、行政区与经济区适度分离改革等因素的作用下,都市圈成为优化城市空间结构的重要路径和载体。2019年2月,国家发展改革委就我国都市圈规划发展发布了第一个重要文件。至此,中国城市发展进入了都市圈时代。

《深圳都市圈发展规划》(简称《规划》)作为战略性、综合性、基础性规划,按照《国家发展改革委关于培育发展现代化都市圈的指导意见》《广东省国民经济和社会发展第十四个五年规划和2035年远景目标纲要》要求编制,并经国家发展改革委衔接函复,是协调深圳都市圈各城市经济发展、社会民生、要素协同等一体布局的重要依据,是指导深圳都市圈各层次规划的重要纲领性文件。规划期为2023～2030年,展望至2035年。

《规划》指出,深圳都市圈位于粤港澳大湾区东部,由深圳、东莞、惠州全域和深汕特别合作区组成，土地面积约16 273平方千米，2022年常住人口3415万人，规划有关任务举措涵盖河源市和汕尾市部分区域。深圳都市圈各市同属东江流域，历史同源、地缘相接、人文相亲，经济发展动力强、创新活跃度高、城镇化高度密集，具备建设现代化都市圈的良好基础。

然而，从目前已经出台的都市圈发展规划看，它们几乎都是若干城市行政区划的相加。这显然违背都市圈的本义："都市圈是城市群内部以超大特大城市或辐射带动功能强的大城市为中心、以1小时通勤圈为基本范围的城镇化空间形态。""1小时通勤圈"是都市圈的基本规定性。就此而言，深圳都市圈没有充分考虑珠江西岸城市，尤其是深中通道建成通车背景下的中山市，实在有悖现实。必须指出，都市圈不是若干行政区划的集合体，而是适应城市区域或巨型城市区域发展，推进相关制度改革和规划建设，更好发挥区域协同创新和治理的开放性空间。我们期待下一个规划期的深圳都市圈发展规划，能够进一步根据区域经济和市场经济规律做出合理的调整和再规划。

资料来源：根据《深圳都市圈发展规划》和其他公开报道整理。

四、大湾区世界级城市群的核心增长极：深圳都市圈

如果说都市圈是1小时通勤圈，重点是职住平衡、空间

结构优化，那么，城市群则是 2 小时交通圈，重点是经济社会联系和区域一体化发展。都市圈的空间逻辑是，从主城区到郊区即新城区，再到周边城市。例如，深圳从"关内"的中心城区到"关外"的主城区，建设了龙华、光明和坪山等新城区，同时向相邻周边城市即东莞、惠州和中山（水域相邻）发展。城市群是城市发展到成熟阶段的空间组织形式，是指在特定地域范围内，一般以 1 个以上超大或特大城市为核心，以多个大城市为构成单元，依托发达的交通通信等基础设施网络所形成的空间组织紧凑、经济联系紧密，并最终实现高度同城化和高度一体化的城市集群。城市群是都市圈的联合体。加强都市圈的合作互动，高水平打造多个城市群，尤其是长三角、粤港澳两个世界级城市群，是中国改革开放的重大空间布局。

长三角中心区和粤港澳大湾区均已具备世界级城市群应具备的条件：区域内城市密集，拥有一个或几个国际性城市，如长三角地区的上海、南京和杭州，粤港澳大湾区的香港、广州和深圳；多个都市圈连绵，相互之间有较明确的分工和密切的社会经济联系，共同组成一个有机的整体，具备整体优势；拥有一个以上国际贸易中转大港，如上海港、宁波舟山港、广州港和盐田港等，现代化交通基础设施发达，形成便捷的交通网络；人口和经济规模大，2023 年，长三角中心区和粤港澳大湾区总人口分别达到 2.38 亿和 0.86 亿。

2024年，它们的GDP分别达到约33万亿元和约14万亿元，是国家经济的核心区域。

粤港澳大湾区是目前我国人口和经济密度最高的区域（见表6-2）。2019年2月，《粤港澳大湾区发展规划纲要》提出"极点带动"的构想："发挥香港—深圳、广州—佛山、澳门—珠海强强联合的引领带动作用，深化港深、澳珠合作，加快广佛同城化建设，提升整体实力和全球影响力，引领粤港澳大湾区深度参与国际合作。"港深（莞）、广佛和珠澳三个城市集群，乃至由它们组成的粤港澳大湾区世界级城市群赫然在目。

表6-2 长三角、京津冀和大湾区人口密度和经济密度情况

地区	人口密度	经济密度
长三角	2.38亿人/35.8万平方千米≈665人/平方千米	33万亿元/35.8万平方千米≈922亿元/平方千米
京津冀	1.1亿人/21.6万平方千米≈509人/平方千米	10.44万亿元/21.6万平方千米≈483亿元/平方千米
大湾区	0.86亿人/5.6万平方千米≈1536人/平方千米	14万亿元/5.6万平方千米≈2500亿元/平方千米

注：表中的人口数据为2023年末的数据，GDP为2024年的数据。
资料来源：作者根据相关统计报告数据整理。

2023年12月20日，广东省政府印发广州、深圳、珠江口西岸、汕潮揭、湛茂五大都市圈发展规划。其中，《深圳都市圈发展规划》明确要求，要努力将深圳都市圈建设成为粤港澳大湾区核心增长极、高质量发展先锋典范、开放包容的世界窗口。

五、规划建设"大湾区全球海洋城市群"

习近平总书记高度重视海洋强国建设,他曾围绕海洋事业发展多次发表重要讲话,作出重要指示。他指出:"建设海洋强国是实现中华民族伟大复兴的重大战略任务。"他强调,要实现"中国梦",必先实现"海洋梦"。全球海洋中心城市或全球海洋城市群是我国建设海洋强国,实现"海洋梦"的空间载体。

2025年中央经济工作会议中提出"大力发展海洋经济和湾区经济"。海洋经济的物理聚集地在(湾区)海洋中心城市。在我国,南方城市是国家海洋发展战略的重点区域,粤港澳大湾区又是重点区域中的重点。位于大湾区的深圳、香港和广州,在相关规划和文件中都被赋予"全球海洋中心城市"的定位和目标,被要求积极谋划并规划建设。然而,现实表明,这三座城市在全球海洋中心城市规划建设过程中,不仅各自存在明显短板,而且有时候掣肘大于互补,牵制大于协调。如果我们不从制度、体制和规划的高度进行改革重构,这对于"大力发展海洋经济和湾区经济",乃至大湾区高质量发展都将产生延缓甚至阻碍作用。

基于以上的原因,在本节中,首先,我们从分析全球海洋中心城市的基本要素入手,指出规划建设"大湾区全球海洋城市群"(见专栏6-3)的必要性和可能性。其次,我们基于深圳产业创新优势及科技创新和产业创新深度融合的现实,提出将深圳作为大湾区全球海洋城市群枢纽型中心城市的建议及理由。最后,在上述内容的基础上,我们提出规划建设大湾区全球海洋城市群的阶段性方案、主要目标和近期举措。

◎ 专栏 6-3

大湾区全球海洋城市群

全球海洋中心城市的基本要素主要有以下四项:①航运基础雄厚,港口物流高效;②海洋产业发达,资源要素集聚;③海洋科创引领,产业体系完整;④海洋治理枢纽,营商环境优良。从深圳、香港和广州各自的实际情况看,它们都不同时具备上述要素。

以粤港澳大湾区相对具有优势的港口和航运业为例。20年前,香港曾是全球集装箱第一大港口,但现在它已经跌出前十位。尽管深圳的集装箱港口业务呈现出较高水平,曾长期位居国内集装箱港口的榜眼,但是近年来它也逐渐被宁波舟山港和青岛港超越,与广州港分列全球第 5 位和第 6 位。如果看港口货物总吞吐量,则仅有广州港进入全球前 10 位,深圳列第 22 位,香港列第 41 位。在航运其他业态方面,香港在船舶登记、船公司注册、船舶融资和海事法律服务方面的优势十分明显,广州在船舶建造、海事技术服务方面处于优势地位，深圳则主要在集装箱制造方面略有优势。

再以深圳为例。2022年，深圳战略性新兴产业增加值为13 322.07亿元，其中，海洋经济产业增加值为871.26亿元，仅占战略性新兴产业增加值的6.5%。2023年，战略性新兴产业增加值合计14 489.68亿元，海洋经济产业增加值为783.20亿元，增长下降，占比亦下调至5.4%。数据表明，深圳海洋产业在战略性新兴产业中的比重偏低，且尚未进入稳定增长轨道，距离"海洋产业发达"还有很长的路要走。其他两座城市也存在类似的问题。

研究还发现，粤港澳大湾区在全球海洋中心城市数量和航运物流方面具有优势，但在海洋科创引领、海洋产业能级提升、海洋治理和营商环境改善等方面面临巨大的竞争挑战。粤港澳大湾区推进全球海洋中心城市建设，要着力实现加快提升国际航运能力，强化海洋科技创新，参与全球海洋治理，强化海洋战略规划等目标和任务。同样，由深港穗三城中的任何一座城市独立完成上述任务，都几无可能。

然而，基于三座城市的地理特征、城市区域发展和海洋经济现状及趋势，以建设大湾区全球海洋城市群为战略目标，加大顶层设计、战略实施和互补协调力度，完全有可能建成全球首个高水平海洋城市群。

资料来源：作者根据公开报道整理。

1. 规划建设大湾区全球海洋城市群的必要性和可能性

粤港澳大湾区是加快实施海洋强国战略的重要区域,全球海洋城市群建设则是进一步推动粤港澳大湾区建设的关键抓手。这是由大湾区的地理环境、科技创新和产业体系等因素共同决定的。

(1)深港穗具备一体化同城化的地理空间优势。

深圳地处三座城市南北走向的中部,与香港地域相邻,直线距离23千米,福田、深圳北距离西九龙的高铁车程分别为14分钟、19分钟;深圳与广州连绵相邻,直线距离约100千米,深圳北距离广州南的高铁车程为29分钟。三座著名海洋城市如此密集,在全球范围内绝无仅有。面对这一现实,提出全球海洋城市群概念是极其自然的事情。

(2)深港穗合体则具备建设全球海洋城市群的综合优势。

在专栏6-3所述的全球海洋中心城市的基本要素中,三座城市分别有着各自的优势和短板。如果在制度、体制和规划层面创造条件,进行城市功能和产业结构的协同互补,将产生1+1+1>3的效果。这是经过努力可以做到的。

这里,我们将深港穗作为一个整体,与新加坡和上海进行比较分析。在国际层面,新加坡始终保持世界领先的全球海洋中心城市地位;在国内层面,上海作为建设全球海洋中心城市的先行者,位居国内首位。通过比较分析我们发现,香港、深圳和广州与排名前列的新加坡、上海,在建设全球海洋中心城市方面实力还存在较大差距。

相比新加坡，包括纽约在内的其他全球海洋中心城市普遍缺少综合性与系统性配置。在这种情况下，大湾区可以发挥深圳、香港、广州的引领作用，带动东莞、佛山、珠海等港口城市，形成差异化、互补化和协同化的港口航运城市群，在全球竞争中形成综合优势。同时，在海事技术、吸引力与竞争力方面，广州与深圳仍然缺乏全球性与中心性优势，它们应结合自身禀赋特点在海洋科技创新、海事技术研发、营商便利度、政策制度等方面持续发力。香港在海事金融与法律方面具有资源与制度优势，这方面可以成为三地协同发展的关键动力。由此，可以看到，三座城市联手建设大湾区全球海洋城市群，在国内可以独占鳌头，在国际上可以大大提高竞争力和影响力。

2. 深圳为何能作为大湾区全球海洋城市群枢纽型中心城市

城市群客观上都有一个及以上中心城市。《粤港澳大湾区发展规划纲要》明确指出："以香港、澳门、广州、深圳四大中心城市作为区域发展的核心引擎，继续发挥比较优势做优做强，增强对周边区域发展的辐射带动作用。"规划建设大湾区全球海洋城市群，香港、广州和深圳无疑是其中三座中心城市。深圳除地处连接香港和广州的优越地理位置外，还有多方面理由支持其成为大湾区全球海洋城市群的枢纽型中心城市，主要有以下几个方面。

（1）深圳作为全球海洋中心城市的国际地位在提高。

全球海洋中心城市的概念受到由挪威国际海事展和奥斯陆海运于2012年联合发布的研究报告《全球领先海事之都》（*The Leading Maritime Capitals of the World*）的影响。有学者将该系列研究报告名称直译为"全球领先海事之都"，或意译为"全球海洋中心城市"（简称LMC）。根据2024年《全球领先海事之都》研究报告排名，在纽约湾区、旧金山湾区与东京湾区中，仅有纽约、东京进入LMC的前25名，粤港澳大湾区则有香港、深圳与广州三座城市进入该项排名。四大湾区LMC的排名发生了变化，深圳于2024年首次进入全球前25名、排第23位，但香港、广州的排名呈现下降趋势，香港由2012年的第5位降至2024年的第12位，广州由2017年的第15位降至2024年的第25位。

（2）深圳的经济实力和潜力在迅速增强。

当下，中国经济的"双城记"在上海和深圳两座城市上演。2024年上海地区生产总值为53 926.7亿元，同比增长5.0%；深圳地区生产总值为36 801.9亿元，同比增长5.8%。深圳经济总量为上海的68.24%，但增长速度快于上海0.8个百分点。除地区生产总值上海领先于深圳，目前，深圳的工业增加值、进出口总额、战略性新兴产业增加值和企业研发投入总量及占比，均位列中国城市首位。深圳之所以能够迅速崛起，重要原因是企业尤其是民营企业自主创新动力强劲，华为、比亚迪、大疆、腾讯等民营头部企业迅猛发展。相比之下，上海新兴产业头部民营企业寥寥无几。

（3）深圳最具发展海洋科技和海洋新兴产业的综合条件。

海洋强国本质上是海洋科技强国。随着海洋经济总量的不断提升，我国海洋经济面临产业结构调整的重大挑战。海洋经济产业结构的特性，决定了科技创新和产业创新是海洋经济走出增长乏力困境的核心驱动力。就此而言，深圳在这三座城市中已经蓄力先行。根据《深圳市培育发展海洋产业集群行动计划（2022—2025年）》，科技创新含量较高的海洋电子信息业、海洋工程与装备业和海洋生物医药业等行业均被列入海洋产业八大领域。基于强大的电子信息产业，深圳正在大力发展海洋电子信息行业。位于宝安的震兑工业智能科技有限公司是深圳海洋电子信息行业的总体单位和代表性企业，成立于2019年9月，是中船集团混合所有制改革试点企业之一，也是国家第四批混改试点单位。由电子科技大学（深圳）高等研究院与深圳海洋电子信息产业研究院联合组建的深圳海洋电子信息创新研究院，是近年成立的行业高水平研究机构。这些实体正在支撑深圳海洋电子信息行业，并夯实深圳海洋产业的核心和基础。

（4）深圳独特的、难以复制的城市文化为它的发展带来持续的活力和动力。

深圳这座"创新之城"具有其他城市所不具有的文化特征，那就是移民的创新文化叠加务实的广府文化。实践表明，文化优势深刻地影响着经济活动的投入要素和机制，塑造着社会生活中个人与组织的行为，其作用有着传递性和可持续性。这是我们看好以创新为核心驱动力的新兴产业在深圳能够长久健康发展的重要理由。海洋产业、生物产业将是深圳战略性新兴产业和未来产业发展的新"风口"。

3. 规划建设大湾区全球海洋城市群的阶段性方案、战略目标和近期举措阶段性方案

（1）建设大湾区全球海洋城市群的阶段性方案。

大湾区全球海洋城市群可以分阶段、分区域规划、建设和实施。我们设想，第一阶段，规划期为10年（2026～2035年），规划建设"深港全球海洋都市圈"，着重研究解决"一国两制"条件下，相关法律法规适用性、海洋金融机构及制度安排、港航重大基础设施规划建设等重大课题。

第二阶段，规划期为15年（2036～2050年），全面规划建设大湾区全球海洋城市群，重点做好四个方面的规划建设工作：①提升国际航运能力，打造国际航运与现代海洋服务业中心；②加大海洋科技研发投入，以创新驱动海洋新兴产业和未来产业集群；③参与全球海洋治理，建设辐射世界的海洋经济合作平台；④强化海洋战略规划，推进粤港澳大湾区持续协同发展。

（2）建设大湾区全球海洋城市群的战略目标。

大湾区全球海洋城市群有着多层次、多方位的目标体系。这里我们从战略层次提出四个目标，供进一步论证。

第一，建设人类命运共同体的超级平台。坐拥南海、面向亚太的大湾区全球海洋城市群是中国连接世界、主动参与建设人类命运共同体的超级平台。

第二，"一带一路"的重要桥头堡。深圳、香港和广州都是"一带一路"的重要节点城市，香港还发挥着"超级联系人"的作用。大湾区全球海洋城市群将成为"一带一路"的重要桥头堡。

第三，海洋强国建设的领军者。现代城市发展共同演绎着一个真理——谁掌握了海洋，谁就掌握了未来。正在加速的中国海洋强国建设需要领军者。这个领军者就是大湾区全球海洋城市群。

第四，推动粤港澳大湾区发展的关键抓手。全球海洋城市群将重构大湾区的制度和体制，赋能大湾区规划建设，成为推动粤港澳大湾区发展的关键抓手。

（3）建设大湾区全球海洋城市群的近期措施。

为了尽快启动大湾区全球海洋城市群的规划建设，我们建议近期采取以下三项措施。

第一，先行研究并制定组织保障措施。建议在国家发展改革委成立大湾区全球海洋城市群规划建设领导小组，并在深圳设立由国家发展改革委和广东省人民政府共同指导和协调的大湾区全球海洋城市群规划建设常设机构，负责日常工作。

第二，将"大湾区全球海洋城市群发展规划"作为专项规划列入"十五五"规划。考虑到规划建设大湾区全球海洋城市群的特殊重要性，且其涉及香港、澳门两个特别行政区和广东省的长远发展，在国家中长期规划中统筹安排是必要且可行的。

第三，组织论证与规划建设大湾区全球海洋城市群相关的重大工程。我们认为，推动今后一个阶段粤港澳大湾区高质量发展，要着力解决制度融合和体制协调的问题。唯有如此才能降低交易成本即制度成本，提高发展效率。制度融合、体制协调是一个十分复杂的难题，就问题解决问题，往往事倍功半。借鉴信息技术、数字技术解决了诸多制度难题的经验，通过在大湾区范围内建设对长远发展具有战略意义的重大项目，形成各方参与、责任共担和利益共享的体制机制，将为解决现存的制度融合和体制协调难题提供可能并创造条件。

我们建议，规划建设万山群岛大湾区世界级枢纽港，为香港、广州、深圳三座中心城市腾出发展空间，为澳门、珠海、中山、江门等珠江西岸城市优化出海通道，为大湾区高质量一体化发展打造一个新的区域增长极,进而将"9+2"拧成一股绳,拉动大湾区乃至中国经济持续发展。

六、从体制升级到体制创新

我们在前面较详细地介绍了深圳的城市体制升级,深圳在较短时间从县级市到地级市,再到副省级城市。将原宝安县改设为县级深圳市,并在短时间内将深圳市升格为地级市,都是超常规的。这是出于设立经济特区的需要。在沿海开放城市中设立5个计划单列市,是我国城市发展中的一个重大体制突破,深圳市和其他4座城市就此获得副省级管理权限。

近十多年来,深圳更多的是通过体制创新,主要是设立"前海深港现代服务业合作区"(见专栏6-4)、"河套深港科技创新合作区"(见专栏6-5),以及建设"中国特色社会主义先行示范区"(见专栏6-6),探索加快深圳改革创新、开放发展的新路径。

◎ 专栏6-4

前海深港现代服务业合作区

前海深港现代服务业合作区(简称"前海合作区")是在全面深化改革、加快制度型开放和增强深港发展关联度的大背景下设立的。2010年8月26日,在深圳经济特区成立30周年的重要时间节点,国务院正式批复《前海深港现代服务业合作区总体发展规划》(简称《前海总规》)。

前海合作区的发展大致经历了三个阶段。

一是成形起步阶段(2010~2015年)。国务院正式批复实施《前海总规》,提出建设现代服务业体制机制创新区、现代服务业集聚区、香港和内地合作先导区、珠三角转型升级引领区,打造"特区中的特区"。同时,前海合作区设立了部际联席会议和高规格的咨询委员会,搭建了与国际开放接轨的基本制度安排;2012年6月,国务院发布支持前海开发开放22条先行先试政策(即"前海22条"),实施对接香港优势产业的税收安排,支持前海在GEPA框架下加快对接香港现代服务业并快速发展。

二是制度创新阶段(2015~2020年)。国务院印发《中国(广东)自由贸易试验区总体方案》,前海蛇口自贸片区获批设立,总面积为28.2平方千米,包括前海片区15平方千米和蛇口片区13.2平方千米,形成以制度创新为核心,推动全面开放的新格局。

三是深化改革开放阶段(2021年至今)。2021年9月6日,中共中央、国务院印发《全面深化前海深港现代服务业合作区改革开放方案》(简称《前海方案》),前海合作区总面积扩展至120.56平方千米。《前海方案》推动前海合作区全面深化改革开放，以制度创新为核心，在"一国两制"框架下先行先试，推进与港澳规则衔接、机制对接，丰富协同协调发展模式，打造粤港澳大湾区全面深化改革创新试验平台，建设高水平对外开放门户枢纽。

2023年12月，新版《前海总规》正式发布。这是在圆满完成2010年国务院批复的《前海深港现代服务业合作区总体发展规划》各项任务，大力推进2021年中共中央、国务院印发的《全面深化前海深港现代服务业合作区改革开放方案》的基础上，获批新一轮总体发展规划，加快打造全面深化改革创新试验平台、高水平对外开放门户枢纽、深港深度融合发展引领区、现代服务业高质量发展高地。2023年前海合作区地区生产总值预计实现两位数增长，累计推出制度创新成果835项，全国复制推广88项。新版《前海总规》明确了前海合作区的四大战略定位：全面深化改革试验平台、高水平对外开放门户枢纽、深港深度融合引领区、现代服务业高质量发展高地。"前海模式"日渐成熟，前海发展的引领和带动作用全面显现。

总体来看，扩区后的前海合作区具备了空港枢纽、海港枢纽、会展商务和现代服务中心等国际湾区核心发展要素，拥有了更广阔的发展空间和探索空间，作为国家重大战略平台的重要性更加突出，充分彰显粤港澳大湾区和深圳先行示范区的核心引擎先发优势，在进一步释放前海扩区潜能，打造全面深化改革创新试验平台,强化高水平对外开放门户枢纽建设等方面,前海合作区正在发挥更加重要的影响和作用。

资料来源:参见郑永年等,《"前海模式":改革、开放、创新与中国式现代化》,中国社会科学出版社,2024年版。

◎ 专栏6-5

河套深港科技创新合作区

规划建设好河套深港科技创新合作区(简称"河套合作区"),是以习近平同志为核心的党中央从战略和全局高度作出的重大决策部署,是推进粤港澳大湾区建设和支持深圳建设中国特色社会主义先行示范区的有力支撑。2023年8月8日,国务院正式签发《河套深港科技创新合作区深圳园区发展规划》,围绕协同香港推进国际科技创新这一中心任务,聚焦河套合作区三大定位:深港科技创新开放合作先导区、国际先进科技创新规则试验区、粤港澳大湾区中试转化集聚区,提出了面向2035年,河套合作区的建设方向、阶段目标、具体工作,明确了一系列引领性、突破性、支撑性制度创新安排,为在更高起点、更高层次、更高目标上推进河套合作区开发建设提供了重要遵循。

深港科技创新合作有着互补性优势。深圳以"硬件制造＋产业应用"为核心,拥有完善的产业链供应链、活跃的民营科技型企业和市场化创新生态。香港拥有国际化的科研资源、自由的资本流动、与国际接轨的法律制度，但产业化能力较弱。香港的"0—1"的原始创新与深圳的"从1到10，再到100"在产业化能力上，形成"基础研究—产业创新—商业落地"的闭环。

河套合作区位于深圳福田区与香港接壤处，面积约3.89平方千米，是深港唯一跨境接壤的科技创新合作区，享有"一国两制"下的政策试验空间，即"一区两园"模式：深圳园区（福田保税区）与香港园区（落马洲河套地区）协同规划，探索跨境科研、资金、数据、人才流动的便利化机制。

目前，河套合作区聚焦生命健康、人工智能、新材料、微电子等前沿领域，布局重大科研基础设施。河套合作区引入香港高校科研团队、国际企业研发中心及深港联合实验室。在科研要素跨境流动方面，河套合作区试点"资金过河"（香港科研经费跨境使用）、科研设备通关便利化、数据跨境安全流动规则；在人才政策方面，河套合作区推出针对港澳人才的税收优惠、签证便利（如"河套英才计划"）政策，探索职业资格互认；在法律衔接方面，河套合作区设立国际仲裁中心，探索跨境知识产权保护规则。

截至2023年，深圳园区已落地超过200个高端科研项目，香港园区启动首批基建工程，如港深创新及科技园，并开展联合孵化,如香港高校研发的医疗机器人在深圳实现量产,深港团队合作开发5G通信芯片等。

河套合作区的现有挑战包括制度差异:两地在法律、税收、数据管理等方面的规则衔接仍需突破;协同效率:跨境科研项目管理、利益分配机制需进一步优化;国际竞争:吸引全球顶尖人才和项目,要面临新加坡、旧金山等区域的竞争。

河套合作区未来发展的重点方向包括深化规则衔接:推动科研资金跨境使用常态化,建立跨境数据流动"白名单"制度;产业协同升级:依托深圳产业链优势,打造"香港研发+深圳中试+大湾区制造"的协同链条;国际化生态构建:引入国际科研机构、风险资本,建设面向全球的开放式创新网络;民生科技合作:在医疗、环保等领域推出跨境应用场景(如深港跨境医疗数据共享)。

河套合作区是深港探索跨境创新协同的"试验田",其核心价值在于通过制度创新打破要素流动壁垒,推动大湾区从"地理聚合"向"化学融合"升级。未来需进一步发挥"两制"优势,瞄准世界级科研枢纽目标,为全国跨境合作提供可复制经验。深港合作的深化不仅将强化大湾区在全球科技竞争中的地位,更可能重塑中国南方创新经济的版图。

资料来源:作者根据公开报道整理。

◎ 专栏 6-6

中国特色社会主义先行示范区

2019年8月,《中共中央 国务院关于支持深圳建设中国特色社会主义先行示范区的意见》(简称《意见》)明确提出,深圳要"率先建设体现高质量发展要求的现代化经济体系""率先营造彰显公平正义的民主法治环境""率先塑造展现社会主义文化繁荣兴盛的现代城市文明""率先形成共建共治共享共同富裕的民生发展格局""率先打造人与自然和谐共生的美丽中国典范"。《意见》指出:深圳的战略定位是"高质量发展高地、法治城市示范、城市文明典范、民生幸福标杆、可持续发展先锋"。

深圳建设"中国特色社会主义先行示范区"是中共中央、国务院在新时代赋予深圳的重大战略使命,其核心是通过深化改革、扩大开放,探索社会主义市场经济体制的升级路径,为全国提供可复制、可推广的经验。这一决策既基于深圳的历史积淀,也顺应了全球经济发展的新趋势,具有深远的战略意义。

《意见》要求,到2025年,深圳经济实力、发展质量跻身全球城市前列,研发投入强度、产业创新能力世界一流,文化软实力大幅提升,公共服务水平和生态环境质量达到国际先进水平,建成现代化国际化创新型城市。到2035年,深圳高质量发展成为全国典范，城市综合经济竞争力世界领先，建成具有全球影响力的创新创业创意之都，成为我国建设社会主义现代化强国的城市范例。到21世纪中叶，深圳以更加昂扬的姿态屹立于世界先进城市之林，成为竞争力、创新力、影响力卓著的全球标杆城市。

深圳建设社会主义市场经济先行示范区，旨在通过"更高水平的市场经济＋更成熟的社会主义制度"融合，回答"如何让市场在资源配置中起决定性作用，同时更好发挥政府作用"的时代命题。其价值不仅在于推动深圳从"经济特区"向"制度创新策源地"升级，更在于为中国特色社会主义市场经济提供实践范本，助力中国在全球经济治理中从"参与者"向"规则制定者"转变。这一进程将深刻影响中国未来若干年的发展格局。

资料来源：《中共中央 国务院关于支持深圳建设中国特色社会主义先行示范区的意见》。

第三节　深圳城市建设的大事要事

城市建设的"大头"是经济建设。本书的大部分内容都在讲深圳的经济建设。然而，一座城市的基础设施建设、生态环境建设和城市文化建设是其建设发展的重要组成部分，也是经济建设的重要支撑。本节我们简要介绍深圳1980～2025年的45年来基础设施建设、生态环境建设和城市文化建设的相关情况。其实这三个方面中的每一个方面都可以写成一本书，为简化内容，在本书中我们采取介绍大事要事的办法来分析阐述。一如前言中所说，这难免取舍不当、挂一漏万。

一、45年来的基础设施建设

深圳这45年，是城市化和工业化并举的45年。如果说深圳的工业化从"三来一补"起步，第一步是开发建设工业园区，那么，深圳的城市化从乡镇起步，第一步就是基础设施建设。

深圳今天的基础设施，丝毫不输给其他三座一线城市。我们以地铁为例。深圳的地铁建设并不早于北京、上海，但它当下的建设水平，尤其是便利程度高于京沪穗。表6-3的数据显示，截至2024年末，深圳"单位平方千米地铁通车里程"㊀是上海的2倍多、广州的3倍、北京的6倍。这里的主要影响因素是深圳行政区划面积小，深圳的城市行政区划面积是北京的12%、上海的32%、广州的27%。由此亦可说明，城市并非越大越好。合理的、经济的空间范围，对城市建设和市民生活都很重要。2025年，深圳市《政府工作

㊀ 该指标是一个强度（密度）指标，反映地铁网络在城市空间的覆盖密度。地铁密度较高，则可以引导城市土地的合理开发和利用，促进城市功能区的优化布局；居民在一定区域内可选择的地铁站点相对较多，出行更加便利。

报告》还披露一个指标,全市45分钟以内通勤比重达81%,在全国超大城市中位居第一。这也充分说明深圳地铁的便利程度。

表6-3 四个一线城市单位平方千米地铁通车里程

城市	地铁通车里程（千米）	城市行政区划面积（平方千米）	单位平方千米地铁通车里程（千米）
北京	879	16 410.54	0.05
上海	896	6340.50	0.14
广州	705.1	7434.40	0.09
深圳	595.1	1997.47	0.30

注：表中地铁含地铁、轻轨、有轨电车、市域铁路、APM等，表中数据均为2024年末的数据。

资料来源：作者根据交通运输部数据及公开报道整理。

我去年移居深圳,新居在深圳地铁12号线的边上。从公寓电梯到地铁口不超过30米。这么方便虽有一点儿偶然,但大多数人的体验表明,深圳地铁乘坐和换乘的平均便利水平是相对较高的。深圳地铁对来自全球的60岁以上的老年人特别友好,他们都可以免费乘坐。这是福利,也是方便。

如果说邓小平要求深圳"杀出一条血路来"是一种精神感召,那么,深圳修建的第一条道路——具有现代意义的深南大道（见专栏6-7),则是深圳40多年发展的真实写照。第一次来深圳的人,不少都会被深南大道两边的绿化带所震撼。深南大道的规划建设是与20世纪80年代主政深圳的梁湘紧密联系在一起的。

◎ 专栏 6-7

深圳标志性景观路：深南大道

　　深圳的基础设施建设是从"深南大道"开始的。1979年深圳市成立不久，为了不让飞扬的尘土把刚跨过罗湖桥的港商"呛回去"，深圳市政府决定在从蔡屋围到规划中的上步工业区的碎石路面上铺上沥青，同时，对深圳通往广州的107国道进行改造，重点就是"深南路"。1980年，深南路第一段修通了，全长2.1千米，路宽7米。

　　1981年，梁湘担任深圳市委书记兼市长。他认为，应将深圳作为一个综合性的城市来开发运营，而不仅仅是一个出口加工区。正在施工、贯穿深圳东西的深南路，便成为梁湘实现城市梦想的主线。规划设计部门提出将路面加宽到50米，深南路由此变成了"深南大道"。

　　1983年夏，梁湘率团到新加坡考察，被新加坡花园城市的景观震撼。回深圳后，他决定在深南大道两侧各留30米的绿化带，并在中间设置宽达16米的绿化带，以备修建地铁。这样，深南大道的规划宽度就达到了126米。

　　1984年底，深南路东段扩建工程完工，全长6.8千米，路面拓宽到50米。1991年5月，深圳市决定扩建从上海宾馆至南头联检站长达18.8千米的深南路西段，把具有1600多年历史的南头古城、新建的深圳科技园、深圳大学、华侨城、锦绣中华和民俗文化村等亮点连成一体。仅两年多时间,深南路西段竣工,路幅宽达135米,中心区最宽达350米。至此,全长25.6千米的深南大道全线贯通。

1997年,深圳市政府决定对深南大道进行全线梳理,从上海宾馆往西原有的6车道拓宽至8车道,一条美丽大道完整地呈现在深圳人眼前。同年,在道路两侧增加了灌木、乔木等100多种植物,将早期的"盖黄土"式绿化改成园林式设计,增加了背景林的层次。2006年,深南大道与宝安大道连接成一条横贯东西、直达东莞的干道。两路连通后,总长达60多千米,形成"百里长街"的城市景观路。

原深圳市规划国土局总规划师郁万钧后来回忆,当年争论深南路到底修多宽这个问题,其实争论的对象已不仅仅是一条归类于"三通一平"的大马路,更多的是当时大家对整个特区战略、方向等观念的碰撞和思考。引起这场争论并引领这番思考的人无疑是当时主政深圳的当家人梁湘。他接受采访时还说,感受最深切的一点就是:对一座城市而言,有一个具有大智慧、大气魄、目光长远的决策者,该是何其有幸。

《深圳传》的作者老亨说:"杀出一条血路,建设深南大道,梁湘为深圳经济特区的初创倾注了心力,也为深圳特区动了真情。"

资料来源:参见老亨著,《深圳传》第三章,中国致公出版社,2021年版,第42—52页。

深圳依山傍海，是山之一角，海之一隅。它和大湾区的一个自然地理特点是海岸线长（仅深圳就达260.5千米），海湾、岛屿和半岛众多。同时，大湾区又是我国经济密度和人口密度最高的地区（见表6-2、图6-6和图6-7）。从数据可以看出，大湾区的人口密度和经济密度均处于较高水平，显示其高度集约化的发展模式。长三角和京津冀在规模和总量上各有优势，但密度均低于大湾区。所以，深圳和大湾区在这样的地理环境、经济和人口条件下，交通基础设施建设任务繁重，且交通基础设施建设所能产生的价值重大。

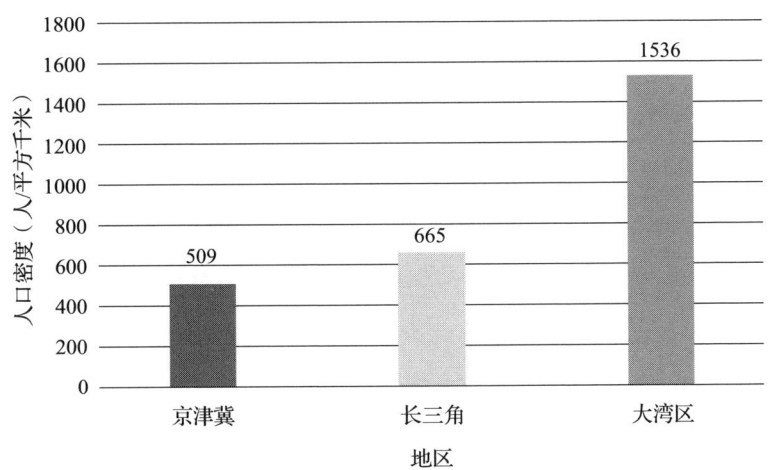

图6-6　京津冀、长三角和大湾区人口密度比较

注：图中所采用的人口数据为2023年末的数据。
资料来源：作者根据相关统计公报数据整理。

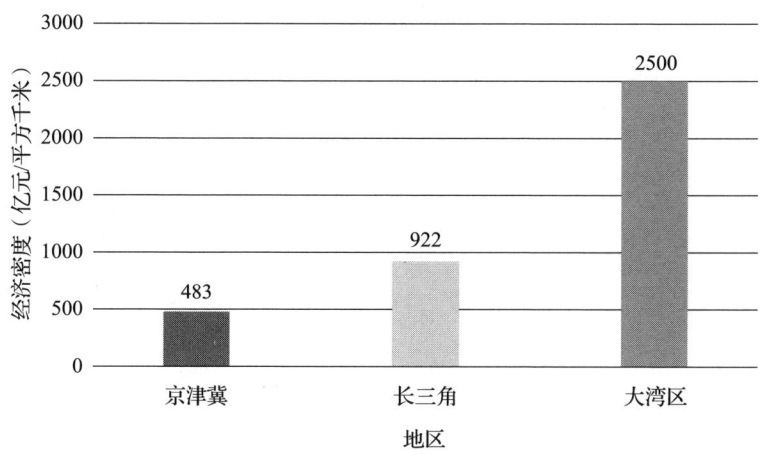

图 6-7　京津冀、长三角和大湾区经济密度比较

注：图中的 GDP 数据为 2024 年的数据。
资料来源：根据相关统计公报数据整理。

在这 45 年，大湾区的交通网络、港口群和空港群建设取得了举世瞩目的成就。这里我们用专栏 6-8 和专栏 6-9 来分别介绍盐田港、宝安国际机场和 2024 年建成通车的深中通道的相关情况。

◎ 专栏 6-8

深圳的海港与空港

20 世纪 80 年代上半叶，深圳大鹏湾畔的盐田还是一个偏僻的小渔村，深圳宝安区黄田村还是一片滩涂。1985 年，深圳市委、市政府决定在盐田建设一个新的港口，拉开了盐田港开发建设的序幕；1988年，国家计划委员会正式批复深圳黄田机场建设，并将机场场址确定在黄田村。

1991年，深圳人民有了自己的机场，通航第二年，深圳机场就实现166万人次的年客流量，远超初期预测，跻身国内大型空港，年客流量增速居全国第一。但机场名字并非如今为大家所熟知的"深圳宝安国际机场"，而是"深圳黄田机场"。那如今的宝安国际机场从何而来？这要从深圳机场的"改名风波"说起。

1998年，经中国民航局批准，机场由"深圳黄田机场"更名为"深圳黄田国际机场"。但随着时间的推移，这一命名的缺点逐渐显现。其一，机场命名与实际地名不相符，机场最初选址在宝安区西乡镇黄田村和福永镇下十围村交界处，其中黄田村占地约80%，下十围村占地约20%，但实际建成后，机场红线范围大部分在下十围村。其二，"黄田"二字在粤语及闽南语中与"黄泉"极为相似，易使人产生误解，影响机场声誉，当地群众对此也有意见。因此，深圳向中国民航局申请更名。2001年9月18日，经中国民航局批复，深圳黄田国际机场正式改名为"深圳宝安国际机场"，寓意"保护平安"。此后，深圳机场客流量继续保持高速增长，2003年其旅客吞吐量突破1000万人次，正式跨入全球百强机场行列；2007年其旅客吞吐量突破2000万人次，跨入世界最繁忙机场行列；2013年其旅客吞吐量更是突破

3000万人次，实现了旅客吞吐量千万级别的"三连跳"。

如今，作为国内首个"智慧化、远程化"国际货站，应用AGV无人搬运设备和超级充电技术的宝安国际机场，2024年旅客吞吐量达6147.7万人次，成为内地第4个突破6000万人次的机场；国际及地区客流量达518.1万人次，同比增长108.7%。货邮吞吐量达188.1万吨，其中国际及地区货量占51.3%（96.5万吨），跨境电商业务量同比增长60.3%。这一系列"成绩单"标志着深圳宝安国际机场实现了从一片滩涂到国际航空枢纽的飞跃。

1994年，盐田国际集装箱码头正式投入运营，并迅速成为深圳港的核心港区之一，1998年盐田港区的集装箱吞吐量突破100万标箱，2007年盐田国际集装箱年吞吐量突破1000万标箱。2013年1月8日，盐田国际以最短时间创造行业世界新纪录，累计吞吐量超1亿标箱。2021年2月1日，盐田国际用26.5年的时间，创造了单一码头以最短时间实现2亿标箱的世界港口新纪录。这一系列数据标志着盐田港已逐步成为现代化、国际化港口。

作为中国改革开放的标志性成果之一，盐田港有以下特色：

第一，盐田港是深港合作的先行者，由深圳市盐田港集团与香港和记黄埔合资经营，是改革开放后中外合资项目的代表。

第二，自1994年开港后，盐田港迅速发展成为全球重要的集装箱枢纽港，见证了中国改革开放的伟大成就。截至2024年底，盐田港集装箱吞吐量突破1500万标箱，是全球最大的单体集装箱码头之一，承担着广东省超1/3的外贸进出口、全国对美贸易1/4的货量。

对比深圳其他港口，盐田港具有深水良港的优势，拥有适合大型集装箱船舶停靠的深水航道，其码头可容纳全球最大的20万吨级集装箱船。绿色港口建设水平领先，盐田港的岸电系统覆盖16个泊位，可满足全球最大型集装箱船舶的用电需求，达行业领先水平。同时，靠近香港也是盐田港的优势之一，作为深港合作的典范，由深圳市盐田港集团与香港和记黄埔合作经营的模式使其在管理和服务上具有独特优势。

无论是深圳宝安国际机场的飞速发展，还是盐田港这一全球集装箱枢纽港口的成长历程，都体现了深圳作为中国改革开放的窗口和经济特区，在基础设施建设上展现出"超前布局、市场驱动、科技创新"的特点，立足粤港澳大湾区，服务全球贸易。

◎ 专栏6-9

深中通道助推大湾区经济均衡发展

深中通道作为粤港澳大湾区一座超级交通工程，和其他基础设施一样，首先给经济活动带来效率，给百姓民生带来便利。特别重要的是，深中通道地处大湾区核心位置，连接珠江下游和内伶仃洋东西两岸的重要城市，有助于解决长期以来存在的空间结构矛盾，进而对深圳、中山等城市，乃至大湾区经济社会发展产生以下积极意义和重要作用。

首先，大湾区空间优化。大湾区空间结构矛盾主要表现在城市经济发展不均衡。以珠江为界，珠三角九市可以分为三片区域：跨江的广州和佛山，珠江东岸的深圳、东莞和惠州（简称"东岸"），珠江西岸的肇庆、江门、中山和珠海（简称"西岸"）。2017年，东岸三市的GDP高出西岸四市2.45万亿元，2022年，这个差额扩大到3.48万亿元；2017年，东岸常住人口比西岸高出1704万，2022年，这个差额扩大到1829万，东岸比西岸多增加了125万人。可见，这一不均衡有加大之势。

与经济和人口的不均衡相对应，西岸各市的土地资源相对富裕。以土地面积为例，2017年，东岸每万人利用土地为4.94平方千米，西岸则为18.70平方千米，西岸是东岸的约3.78倍；2022年，东岸每万人利用土地为4.63平方千米，西岸则为17.61平方千米，西岸是东岸的约3.81倍。东岸的产业发展空间相对西岸继续压缩。

在东岸城市中，深圳是大湾区乃至全国的创新中心城市，有着较大的发展空间需求。在中国城市中，深圳的人口密度和经济密度均为最高，这既带来经济社会发展的有利条件，同时也意味着发展空间存在制约因素。

均衡和非均衡代表着不同的发展战略，适应不同的时空条件。如果说在改革开放之初，资金资本极其有限，非均衡意味着发展空间，那么，经过四十多年的发展，尤其是在经济相对发达的大湾区，均衡将带来发展空间。

其次，深化城市间互补互动。多年来，对于如何解决深圳发展空间的问题，有着多方面的讨论和建议。现在，思路已渐趋明朗：不是也不可能是简单地用行政区划调整来解决这个问题，而是通过都市圈经济功能区规划建设，推动区域均衡协调发展。这就表明，规划引导和基础设施、制度安排，共同成为推动区域经济发展的重要手段。

深中通道建成通车，意味着水域相邻的深圳与中山通过桥隧连接，同样能实现 1 小时通勤。以深圳宝安国际机场为圆心，画一个半径 60 千米或 80 千米的同心圆，中山无疑就在这个"圈"内。便利的交通是城市就业人口通勤和货物流通的必要条件，也推动了城市空间的优化利用。大湾区是我国经济密度、人口密度最高的区域，交通基础设施建设，以及空铁陆水等运输方式的一体化，极大地提高了人口和货物流动的效率，是大湾区快速发展的重要保障。可以期待，在下一个规划期的深圳都市圈，将深化与中山的合作交流，东西两岸城市将互补互动、协同发展。

再次，中山、宝安获先发优势。深中通道带来的均衡协调发展，将首先在它的两个端点——中山和宝安得到体现。"深圳总部＋中山制造""深圳链主＋中山配套""深圳研发＋中山转化"，都可能是两地产业协同、企业合作的发展模式。大湾区城市间要素流动和产业发展的关系正在发生变化，将不再以集聚、吸纳和转移为主，而是提升到以辐射、溢出和分工为主的格局，形成共同构建产业链、供应链和现代化产业体系的关系。深圳有着较多的新兴产业的头部企业、链主企业，所以，对于中山来说，探索如何让企业融入产业链、供应链，在产业体系中找到自己的位置，就是一件十分重要的事情。深中通道不仅将加深深圳与中山之间的经济社会联系，同时将提升中山在西岸城市中的地位和能级，全面加快中山的经济社会发展。

宝安是具有深厚工业基础和创新活力的地区。宝安作为深圳的重要组成部分，其新型工业化进程结合区域特色和定位，以及新兴产业和未来产业的发展趋势，将走出一条符合新时代要求的高效、绿色、智能的工业化发展道路。深中通道通车以后，前海的"桥头堡"地位将进一步凸显，并将逐步在大湾区经济版图上居于"C位"。

宝安与上海的"大虹桥"有诸多相似之处：都位于所在城市的西部，都有所在城市的航空枢纽，都有所在城市最大的会展场馆，都有所在城市的主导产业。它们之间的差异主要体现在产业内容上："大虹桥"的主导产业是现代服务业，宝安的主导产业是先进制造业。前海深港现代服务业合作区 2/3 的物理空间在宝安，先进制造业和现代服务业将在这个区域融合互动，探索新型工业化和高质量发展的实现路径。先进制造业转型升级和集群发展，数字经济与实体经济融合，绿色低碳发展等，将是这条路径的重要内容。宝安将继续加快推动先进制造业向全球产业链价值链高端迈进；同时，发挥和利用集陆、海、空于一体的立体交通优势，加快数字经济和现代服务业赋能和支持各行各业发展的进程。

可以期待，在未来不长的时期，深中通道给中山与宝安带来的先发优势，将使它们双双在大湾区脱颖而出，加速大湾区经济社会发展。

资料来源：作者根据《深圳特区报》，2024 年 6 月 25 日，《深中通道助推大湾区经济均衡发展》一文的相关资料整理。

二、45 年来的生态环境建设

一位长期致力于研究深圳生态文化的学者，对一线城市的自然环境有过透彻的比较，他写道："在北上广深四个一线城市中，深圳是唯一同时拥有城区、山岭、溪流、湖泊、森林、田野、古村、海洋、岛屿和中国最美海岸的城市；多样的生境为多样的生命提供了栖息地。"根据他的团队长达 10 多年的考察，深圳陆地面积只占全中国的 1/5000，却飞翔着全中国 1/5 的鸟类，奔走着 10% 的哺乳动物和 20% 的爬行动物；深圳的海域只占中国南海的 1/1000，生命物种却超过

20%。在这块面积不大的温暖湿润的土地上，50% 的土地被草木覆盖，已记载的植物有 979 种，超过整个欧洲大陆。[一]

深圳在生态环境方面有着天然的优势，再加上这些年来的全方位保护和建设，与其他一线城市相比，深圳在多个相关指标上都首屈一指或名列前茅。这里用两个代表性数据，平均空气质量为优天数和公园数量，以及一个代表性项目，福田红树林生态公园（见专栏 6-10）和国际红树林中心，说明深圳在生态环境建设上的成绩。

◎ 专栏 6-10

红树林的深圳故事

红树林是热带、亚热带海岸带海陆交错区生产能力最高的海洋生态系统之一，在净化海水、防风消浪、维持生物多样性、固碳储碳等方面发挥着极为重要的作用。我国一直高度重视红树林保护工作，出台了《中华人民共和国湿地保护法》及其配套制度，健全了以国家公园为主体的自然保护地体系，实施了全国湿地保护规划和红树林保护修复专项行动计划。截至 2025 年 2 月，我国红树林面积已达 45.45 万亩[二]，较 21 世纪初增加了约 12.45 万亩，是世界上少数几个

[一] 胡野秋著：《深圳传：未来的世界之城》，新星出版社 2020 年版。
[二] 1 亩 ≈ 666.6 平方米。

红树林面积净增加的国家之一。

深圳积极推进红树林湿地资源保护和生态修复，早在1988年福田红树林自然保护区就被定为国家级自然保护区，这是中国唯一一个位于城市腹地的国家级自然保护区，也是深圳生态环境建设的标志性项目。最新统计数据显示，"十四五"期间，深圳已完成红树林营造面积15.48公顷、红树林修复面积103.08公顷，在红树林保护、湿地恢复以及生物多样性维护等领域取得了重要突破。

深圳福田红树林生态公园于2012年开始筹建，2015年正式开园，占地面积38万平方米，是一座集科普教育、生态修复、休闲游憩功能为一体的市政公园。该园也是全国唯一处在城市腹地、面积最小的国家级森林和野生动物类型自然保护区——广东内伶仃岛—福田自然保护区的东部缓冲带，也是红树林湿地生态修复示范区。

2022年11月，习近平主席在《湿地公约》第十四届缔约方大会开幕式上倡议，在深圳建立"国际红树林中心"，得到国际社会的广泛认可和大力支持。11月6日，国际红树林中心成立协定在深圳正式签署，中国、柬埔寨、马达加斯加等首批18个成员国代表共同签署协定并为国际红树林中心揭牌。

作为共谋红树林保护与合理利用、共促红树林交流与国际合作的重要平台和窗口，国际红树林中心将建立健全开放包容、共建共享、合作共赢的红树林和滨海蓝碳生态系统国际合作机制，推动全球红树林保护事业迈上新高度，为落实联合国2030年可持续发展议程，推动构建人与自然和谐共生的地球家园做出积极贡献。

2023年9月，经《湿地公约》常委会第62次会议审议通过，全球首个国际红树林中心落户深圳。建立国际红树林中心是完善全球环境治理体系、共建人类命运共同体的具体实践。中国将以此为平台，持续深化与各成员的交流与合作，推动红树林保护的全球联合行动，不断提升红树林生态系统质量和稳定性，给世界人民带来更多福祉。

资料来源：作者根据公开报道整理。

从表6-4中可以看到，在过去20年，四个一线城市空气质量为优天数占全年的比例有不同程度的波动，近年来都有提高，深圳保持空气质量为优天数占比最高。

表6-4 四个一线城市2005～2024年空气质量为优天数占全年比例　（%）

年份	北京	上海	广州	深圳
2005年	64.1	88.2	91.0	98.6
2010年	78.4	92.1	97.8	97.5
2015年	51.0	70.7	85.5	96.3
2020年	75.4	87.2	90.4	97.0
2023年	74.2	87.7	90.4	97.8
2024年	79.2	88.5	94.0	97.0

资料来源：作者根据公开数据整理。

深圳和其他城市一样，公园系统（包括生态或郊野公园、城市公园、社区公园和口袋公园）不仅是城市的"绿肺"，更是提升市民生活品质，塑造城市形象，促进社会和谐的重要载体。四个一线城市先后提出了建设"千园之城"的目标，而且，都已达到或基本达到了这个目标。在中国四个一线城市中，因为深圳的城市面积最小，故每 10 平方千米公园数量最多，为北京的 9 倍多、上海的 4 倍多、广州的 3 倍多（见表 6-5）。

表 6-5　四个一线城市公园总数及每 10 平方千米公园数量

城市	公园总数（个）	城市面积（平方千米）	每 10 平方千米公园数量（个 /10 平方千米）
北京	1100	16 410.54	0.7
上海	973	6340.50	1.5
广州	1426	7434.40	1.9
深圳	1320	1997.47	6.6

资料来源：作者根据各城市相关部门网站资料，经整理计算而来。

三、45 年来的城市文化建设

现在人们在谈到城市文化时，较多地在讲文化产业、文化活动和文化设施。其实，城市文化和文化产业、文化活动和文化设施分属不同的层面，城市文化在精神层面，文化产业、文化设施在物质层面，文化活动介乎二者之间。城市文化深刻地影响着城市的文化产业、文化活动和文化设施；文化产业、文化活动和文化设施不仅有着自身的价值，而且对城市文化的弘扬、传承也有着重要的影响和作用。城市文化建设涉及面很广，这里我们介绍四个颇具深圳特色的项目：文化产业的工业设计行业、社会建设的志愿者、文化活动的读书月和重要文化设施建设。

1. 首个"设计之都"

深圳是一座以制造业起家的城市。早期，工业设计主要是产品设计，它是作为加工制造的一部分而存在和发展的。产业发展和劳动分工所带来的工业设计，与其他的艺术活动、生产活动和工艺制作等，有着明显的不同，它是各种学科、技术和审美观念相交叉的跨界产物。

工业设计涵盖了科技与艺术方面的众多学科知识，工业设计既要满足产品技术方面的要求，也要兼顾艺术方面的内容，提升产品的整体美，赋予产品社会文化功能，来达到满足人类需求这一最高目的。因此，工业设计行业也是文化创意产业的一个分支。工业设计行业的发展对于深圳在我国获得首个"设计之都"（见专栏6-11）荣誉有着特殊的重要作用。

◎ 专栏6-11

深圳是我国首个"设计之都"

深圳是我国第一个获得联合国教科文组织评选的"设计之都"称号的城市。要说起这座"设计之都"的渊源，不得不提起深圳早年曾被戏称为"山寨之城"的历史。

"山寨"一词最初就来自20世纪90年代的深圳。深圳与香港相邻，占据地利，电子产品在此集散，华强北街区迅速抓住机会，开始仿制手机之类的电子产品。一开始，生产厂家不敢在电子产品上印上产地，只印了"SZ"来代表产地深圳，后来渐渐被人们喊成了"山寨"。

在深圳市工业设计行业协会会长封昌红看来，"没有华强北就没有深圳工业设计的今天，之前的华强北扮演了启蒙地和发源地的角色"。华强北最辉煌的时候，平均每日人流量达到50万人次，占据全国电子市场容量的50%，年交易额超过2000亿元，孕育了腾讯、大疆、神舟、同洲电子等著名企业。"造富神话"轮番在这块不足1.5平方千米的土地上上演，在这条中国电子第一街上，据说走出了不下50位亿万富豪。

就在华强北生产山寨手机的过程中，深圳的工业设计开始萌芽。"当时华强北出现的山寨手机，可能内部是一样的，但外观却不能照抄，在这个过程中设计者也开始思考，设计由此萌芽。从工业设计'微笑曲线'最底端的外观设计，一路走到现在的品牌设计、价值设计、服务设计，包括可持续的绿色设计等。"封昌红告诉我们，"就像FabLab的创始人尼尔教授认为的，华强北的山寨就是快速微创新，实现最短路径、最佳效果、最少投入。所以无论是山寨还是快速微创新,其实都是工业设计最初的发展雏形,华强北也见证了从'三来一补'到OEM(Original Equipment Manufacturer,代工生产),再到ODM(Original Design Manufacturer,原厂委托设计代工)直至OBM(Original Brand Manufacturer,自有品牌生产),如果没有品牌便没有议价能力,都由别人说了算。这是发展的必经过程。"

由此,我们看到深圳由"山寨之城"到"设计之城"的萌芽与发展。那么,深圳能在2008年成为中国第一个、世界第六个"设计之都",还有哪些重要力量在发挥作用?

深圳获评时,联合国教科文组织有一句评语是这样写的:"由于本地政府的大力支持,深圳在设计产业方面拥有巩固的地位。"深圳市政府在"设计之都"这张名片上做了哪些努力呢?

(1)不断完善工业设计发展政策。2001年我国加入WTO后,国内制造业面临转型压力,深圳市政府提出建设"设计之都"的战略,工业设计开始更加注重质量和创新,与国际接轨的趋势更加明显。

2012年深圳市政府出台了《关于加快工业设计业发展的若干措施》(深府〔2012〕137号)。全国首个地方工业设计发展专项政策效应明显,它加快了工业设计产业集聚,使深圳工业设计步入全国领先行列。

2020年,立足建设国际一流创新创意之都的战略定位,深圳市政府再次出台了《关于进一步促进工业设计发展的若干措施》(深府办规〔2020〕6号),在"双区驱动"的重大历史机遇下,以工业设计为引擎,从基础研究、人才培养、成果转化、服务体系等方面构建政策体系,进一步促进产业转型升级。自2012年至今,深圳的工业设计专业服务年收入增长了12倍,拉动下游产业产值超过万亿元。

2023年,深圳首次以建设"设计之都"为目标制定三年行动计划,发布了《深圳市"设计之都"建设行动计划(2024—2026年)》(简称《行动计划》)。《行动计划》提出,深圳力争于2026年建成世界一流"设计之都",并于2035年全面建成"具有全球影响力的创新创业创意之都"。

(2)加大财政资金扶持力度。自2013年实施专项扶持政策以来,深圳每年用于工业设计专项资金规模近1亿～2亿元,累计下达财政资金超10亿元。深圳重点支持工业设计中心、工业设计领军企业、知名工业设计奖、工业设计引领创新与转化应用等方向,面向制造业、专业工业设计公司、设计师、中小微企业等多个主体,通过财政资金多层次、广覆盖、全链条激发深圳工业设计活力,有力地推动了工业设计产业的快速发展。近年来,深圳工业设计发展扶持计划项目数、资金需求量日益激增,侧面反映了制造业企业工业设计应用广度、深度不断提升。

(3)大力推动工业设计中心和研究院建设。围绕设计创新能力提升，深圳大力培育了以华为、大疆、创维等为代表的国家级工业设计中心，以及康佳集团工业设计中心、深圳市鼎典工业产品设计有限公司、深圳洛可可工业设计有限公司等省级工业设计中心以及众多的市级工业设计中心。

为加强工业设计基础研究，提升公共服务能力，按照工业和信息化部工作部署，深圳出台了《深圳市工业设计研究院建设工作方案》，提出创新体制机制，面向共性需求，培育一批覆盖重点行业和领域的工业设计研究院，争创国家工业设计研究院。

截至2025年初，深圳拥有超过3.3万家创意设计服务法人单位，涵盖平面设计、工业设计、室内设计、时尚设计等多个领域。设计师人数已超过22万人，其中包括专业设计师和相关从业人员，形成了庞大的设计人才库。深圳已建成50多家创意设计园区，为设计师和企业提供优质的创作环境和资源共享平台。

这些数据说明了深圳作为"设计之都"的发展势头依然强劲。除政策优势外，深圳当前的优势主要有以下几方面。

（1）强大的产业基础、成熟的产业链。深圳在平面设计、工业设计、服装设计、家具设计、珠宝设计等领域处于全国领先地位，数字内容和在线互动设计快速发展，成为全球瞩目的设计新锐城市。深圳拥有从研发到制造再到市场的完整产业链，为设计提供了强大的落地能力。

（2）创新生态、人才聚集。改革开放以来，深圳作为经济特区，吸引了大量人才和技术资源，形成了独特的创新文化。当下，人工智能、虚拟现实等技术与设计结合，催生新业态（如元宇宙设计）。同时，作为中国科技中心之一，深圳的高新技术企业众多，为设计注入了源源不断的创新动力。

（3）国际化视野。深圳一直在积极融入全球创意城市网络，通过举办国际设计展览、论坛等活动，提升国际影响力。

相比后面获此殊荣的上海（2010年）、北京（2012年）、武汉（2017年）、重庆（2023年），深圳"设计之都"的优势体现在工业设计、平面设计、建筑与规划设计等方面。但是，深圳设计产业仍存在一些不足，例如，设计人才存在短板、数字化设计发展基础较薄弱、高端装备等领域应用不够、文化底蕴不足等。未来，深圳仍需在这些方面继续努力，持续擦亮中国首座"设计之都"的名片。

资料来源：作者根据公开资料和调研报告整理。

2. 独特的"志愿者之城"

深圳作为中国最年轻的一线移民城市，其志愿者事业发展呈现鲜明的创新性、开放性和高活跃度特征，形成了独具特色的"志愿者之城"（见专栏6-12）。

◎ 专栏 6-12

志愿者之城

1989年,在深圳团市委组织下,19位热心人士通过一条热线,开通"为您服务"热线电话,为来自五湖四海的特区建设者提供倾情帮助。1990年,深圳创立内地首个义工团体。尽管义工与志愿者有些细微的区别,但在本文中我们将义工也归入志愿者。

2005年,深圳提出建设"志愿者之城"。2011年,深圳成为全国首个以市委、市政府名义发布志愿者事业发展纲要的城市,将志愿服务纳入城市社会治理体系。截至2023年,深圳注册志愿者超350万人(占常住人口近20%),年均服务时长超千万小时,密度和活跃度居全国前列。深圳外来人口占比超70%,志愿服务成为新市民融入城市,构建社会认同的重要纽带。"来了就是深圳人,来了就做志愿者"的口号,体现了深圳的包容和大气,深圳志愿者组织的动员力和影响力。

深圳已形成"市—区—街道—社区"四级志愿服务组织体系,依托党群服务中心设立超700个"U站"(城市志愿服务站),形成"15分钟服务圈"。同时,社会组织深度参与,如深圳市义工联、壹基金、蓝天救援队等,形成"政府引导+社会组织运营+企业支持"的多元合作生态。在细分领域，志愿者提供精准服务。例如，民生领域的"红马甲"助老助残服务，城市治理领域的交通劝导和垃圾分类督导，国际服务领域的高交会、文博会等大型展会双语志愿服务，科技领域的华强北"创客志愿者"提供技术帮扶服务，品牌项目的全国推广，"生命热线"心理援助（全国首个24小时自杀干预热线），"募师支教"项目（全国首创民间出资招募教师支教模式），等等。

近年来，通过数字化赋能管理，深圳建立了"志愿深圳"信息平台，实现注册、培训、项目匹配、时长记录全流程线上化，与"i深圳"政务系统打通，积分可兑换公共服务，如入户加分、子女入学优先等；建立全国首个"志愿服务时间银行"，利用区块链存证服务记录，推动跨区域、跨组织时长互认。

深圳的志愿者服务已经开始走向国际化，并与湾区联动。深圳建立深港澳志愿服务协作，设立前海深港青年志愿服务基地，联合港澳社团开展湾区环保、文化交流项目。深圳为国际赛事提供志愿者服务，从2011年大运会的"蓝天使"到联合国教科文组织的创意城市网络会议，塑造国际化志愿者形象。

深圳的志愿者服务产生了以下积极的社会影响与价值。首先，辅助基层治理。志愿服务填补了公共服务的空白，例如，新冠疫情期间深圳超60万志愿者参与核酸采样、物资配送，成为应急管理重要力量。其次，提升城市软实力。2022年，深圳在《中国城市公益慈善指数》中排名第二，"志愿者之城"与"科技之城"双名片相互赋能。最后，培育公民意识。深圳通过志愿服务推动市民参与公共事务，形成"助人自助"的公民意识，为超大城市治理提供样本。

深圳的志愿者服务还要在解决可持续性难题、提高专业化水平和深化大湾区协同等方面做出进一步的努力。深圳的志愿者实践表明，志愿服务不仅是道德倡导，更可通过制度设计转化为社会治理效能，这一路径对中国城市现代化具有重要的参考价值。

资料来源：作者根据公开报道整理。

3. "全球全民阅读典范城市"

深圳有一份"全民阅读发展报告"。《深圳全民阅读发展报告2023》显示，深圳居民年均阅读纸质图书8.86本，数字化阅读率全国领先。《深圳全民阅读发展报告2024》的序言写道："《深圳全民阅读发展报告》连续9年在'4·23世界读书日'发布，为全国乃至全球阅读推广工作贡献可资借鉴的经验范式。"㊀创办于2000年的"深圳读书月"是深圳全民阅读活动的缩影（见专栏6-13）。

㊀ 唐汉隆主编：《深圳全民阅读发展报告2024》，深圳出版社2024年版。

◎ 专栏6-13

深圳读书月

从2000年11月开始，深圳读书月连续举办了25年。深圳人因读书而备受尊重，深圳因推广全民阅读卓有成效，被联合国教科文组织授予"全球全民阅读典范城市"。

深圳读书月的诞生与两个人联系在一起，一位是时任深圳图书馆馆长刘楚材，另一位是时任深圳市文化局副局长王京生。1996年，时为深圳市政协委员的刘楚材提交了一份设立深圳读书节的提案，但没有得到落实。1997年，深圳"两会"期间，他和王京生聊到读书的重要性，两人很有共鸣。王京生要刘楚材继续提，由文化局来受理。但问题又出在了一个"节"字上，因为从中央到地方都明确规定，设立各种节庆活动要严格审批，非常不易。王京生觉得既然难批，就不要叫"读书节"，索性改成"读书月"。这一个字改得好，"节"往往多有象征意义，"月"则不然，不仅有象征意义，更有实质意义。每年的深圳读书月都被注入丰富的内容，就是证明。

深圳读书月由深圳市委、市政府主导，联合出版机构、图书馆、学校、社区等多方力量共同推动。作为全国首个以城市名义举办的大型综合性全民阅读文化活动，它已成为深圳重要的文化品牌，被誉为"城市的阅读节日"。

每年的深圳读书月围绕不同主题展开，如2023年主题为"读时代新篇、创文明典范"，聚焦全民阅读、文化创新、城市文明等方向。深圳读书月举办多元化活动，如"年度十大好书"评选、"深圳读书论坛"、"经典诗文朗诵会"等。同时，深圳读书月联动书城、书店推出折扣购书、主题书单推荐。近年来，读书活动不断创新形式，如线上读书会、地铁"读书专列"、社区阅读驿站等，覆盖线上线下场景。

深圳读书月的主要特点是：第一，倡导全民参与。深圳读书月针对不同群体设计活动，如青少年"书香校园"计划、打工者"青工读书成才行动"、家庭"亲子阅读季"等，覆盖超千万人次。第二，拓展国际视野。深圳读书月举办"全球全民阅读典范城市峰会"，与联合国教科文组织合作，推动中外文化交流。第三，建设城市文明。深圳读书月通过阅读提升市民素养，塑造"图书馆之城""书店之都"的城市形象。深圳读书月不仅是一场文化盛宴，更体现了城市对精神生活的追求，成为推动全民阅读、建设学习型社会的标杆案例。

诚如深圳读书月创办人王京生所言："深圳这座城市是年轻的，但也是伟大的。她的伟大不仅仅在于其创造的物质财富，在这背后，她还代表着中华民族不屈不挠的奋斗意志和学习精神，是一种别样的、崭新的、高尚的城市文明样式的代表。"

资料来源：参见老亨著，《深圳传》，中国致公出版社，2021年版。

4. 打造"文化强市"

近年来,深圳在文化设施建设方面持续发力,致力于打造与一线城市地位相匹配的"文化强市",通过政策引导、重大项目落地和社区文化服务网络完善,推动城市文化软实力持续提升,参见专栏6-14。

◎ 专栏6-14

深圳新十大文化设施和十大特色文化街区

2018年12月10日,在"深圳市重大文体设施建设规划新闻发布会"上,公布了《深圳市加快推进重大文体设施建设规划》。这一规划提出重点建设"新十大文化设施",提升改造"十大特色文化街区"。

新十大文化设施分别为深圳歌剧院、深圳改革开放展览馆、深圳创意设计馆、中国国家博物馆·深圳馆、深圳科学技术馆、深圳海洋博物馆、深圳自然博物馆、深圳美术馆新馆、深圳创新创意设计学院、深圳音乐学院。新十大文化设施定位为"具有国际一流水平、代表城市形象的地标性设施"。此后,深圳陆续吸引了来自全球各地的优秀建筑设计团队提交方案。

新十大文化设施的建设运营将由政府主导,对标一流,坚持高标准原则。在布局上将相对集中,打造新的现代化国际化城市文化核心区。其中,深圳歌剧院将打造成城市文化新地标。中国国家博物馆·深圳馆与深圳改革开放展览馆、深圳美术馆新馆等将引进不同主题的高水平展览。深圳创意设计馆、深圳创新创意设计学院、深圳科学技术馆等则彰显了深圳"设计之都"以及科技创新的特点。

深圳还将提升改造十个特色较为明显、文化内涵丰富的文化街区,它们是大鹏所城、南头古城、大芬油画村、观澜版画基地、甘坑客家小镇、大浪时尚创意小镇、大万世居、蛇口海上世界、华侨城创意文化街区和华强北科技时尚文化街区。深圳将通过提升改造,使它们成为代表深圳文化形象的"十大特色文化街区"。

深圳现有大型文化设施约50个,大型体育场馆21个。与国内外先进城市相比,深圳仍存在缺乏标志性文体设施,专业化水平不高,文体设施老旧等问题。为此,深圳还将规划建设31个市级及51个区级大型文体设施,共计有超过100个文体设施将在未来分期分批投入建设。深圳市文化主管部门负责人表示,重大文体设施是城市形象的重要标志,也是满足群众精神文化需求的主要阵地。此次加快推进重大文体设施建设,就是要尽快建成与全球区域文化中心城市和国际文化创新创意先锋城市相匹配的文体设施体系。

为了加快这些项目的建设,深圳"十四五"规划投资超1000亿元,建设新十大文化设施、十大特色文化街区,并改造提升市级文体设施。同时,深圳吸引社会资本参与,鼓励民营博物馆和艺术空间发展,形成"政府+市场"共建模式。

资料来源:作者根据公开报道整理。

第四节 深圳的城市文化

狭义的城市文化是指生活在特定城市区域的人们在各种对象化活动中所形成的群体行为方式。群体行为方式的特征往往被概括为城市文化。这些特征既通过人们的行为,也通过人们的精神或观念表现出来。深圳是一座移民城市,其区域亚文化是广府文化。移民的群体行为特征和广府文化的特征融合,造就了深圳的城市文化。

一、移民城市的文化特质

移民与创业创新及创新文化存在高度正相关关系,这是一个有共识的认知。曾经担任美联储主席近20年的艾伦·格林斯潘和他的合作者合著的《繁荣与衰退:一部美国经济发展史》,给出了支持这一认知的若干数据。[一]

19世纪,美国人口几乎增至原来的15倍,从530万到7600万,这个比欧洲大陆任何一个单一国家(俄罗斯除

[一] 艾伦·格林斯潘等:《繁荣与衰退:一部美国经济发展史》,中信出版社2019年版。

外)都要大的人口规模,靠生养是肯定做不到的。到 1890 年,80% 的纽约市民、87% 的芝加哥市民,都是移民或者移民后裔。移民或原住民创业是否成功,都是一个概率,但前者的概率远高于后者,这是不争的事实。在美国的知名企业家中,移民或移民后裔的比例是惊人的。截至 2010 年,《财富》500 强名单中有 18% 的公司(包括美国电话电报公司、杜邦、易贝、谷歌、卡夫、亨氏和宝洁)都是由移民创立的。如果加上由移民子女所创立的公司,该比例对专利的贡献率应在 25% 以上。埃隆·马斯克就是一个二代移民的典型代表。

丹·塞诺和索尔·辛格合著的《创业的国度:以色列经济奇迹的启示》,回答了这样一个问题:究竟是什么让以色列——一个仅有 700 万人口,笼罩着战争阴影,没有自然资源的国家,产生了如此多的初创公司,即 0—1 的公司。在这本书出版的 2010 年前后,以色列的初创公司甚至比加拿大、日本、中国、印度、英国等大国都多。作者从多个层面分析其经济奇迹的原因,其中,移民和移民政策是一个重要方面。书中所描述的苏联解体时,那里的犹太人移民以色列,带动初创公司、孵化器和创投资本的发展,会让读过这本书的人留下深刻的印象。㊀

㊀ 丹·塞诺、索尔·辛格:《创业的国度:以色列经济奇迹的启示》,中信出版社 2010 年版。

对于任何一个经济体来说，都有一条被反复证实的可持续发展道路，那就是，依靠初创公司天生的创新特质，诞生并发展科技型企业。世界主要国家的就业数据也显示，净就业增长大部分来自成立时间不到 5 年的公司。实际上，如果没有初创公司，年平均净就业增长率将会是个负数。初创公司的创始人大概率来自移民群体。今天，城市中的好大学有小规模移民群体，集中了一批未来初创公司的创始人。他们的成功创业，将使初创公司完成向科技型企业的转身，这是发展新兴产业和未来产业的主流方向，是新增就业和税收的源头。

二、深圳移民的构成和特点

在这 45 年，深圳的移民主要是分散的主动移民，他们有如下几个特点。其一，他们有高于平均水平的风险偏好，敢冒险、能吃苦、自力更生、自我奋斗是他们的行为特征；其二，他们的平均受教育程度不仅高于当地的原住民，而且，还高于全国平均水平，从生产要素的角度看，他们中有相当部分属于人力资本，而非劳动；其三，他们冲着特区来，有着成就一番事业的强烈愿望。因此，与其他移民国家和移民城市一样，深圳的移民中诞生了一众企业家，由他们创始的企业，很多成为今天的科技型企业，甚至科技型头部企业。作为深圳创新和产业生态的基石人物，他们倡导和塑造的"敢闯敢试、爱拼会赢"的创新精神、企业家精神,是深圳城市精神的核心,对深圳城市文化的形成产生了极为重要的影响。

在深圳的移民中也有部分组织安排的集中移民。

1982年,中国进行第七次大裁军,国务院、中央军委决定撤销基建工程兵兵种。当时的工程兵总部与广东省联系,希望深圳能够接收一批转业部队。时任市委书记梁湘在市委常委会扩大会议上拍板,决定接受。当年7月,国务院、中央军委调集基建工程兵两万人赴深圳执行基建任务,其中有技术干部1088人。1982年,两万人相当于当时深圳常住人口44.95万人的约4.5%,再加上这两万官兵的家属,就要占到10%左右。这是深圳移民史上的一件大事。

1983年9月15日,两万名基建工程兵在深圳就地集体转业,全部转入深圳特区建设总公司属下的施工企业,分别改编为深圳市第一、二、三、四、五建筑工程有限公司,市政工程公司,机电设备安装公司和基建职工医院。这支转业部队对深圳早期的建设做出了很大的贡献。在施工设备自动化水平较低的年代,深圳的第一条公路是他们铺就的,深南大道是他们手提肩扛在乱石荒山上开通的。他们在多座高楼的建设中创造了"三天一层楼"的"深圳速度"。这批深圳最早的建设者被称为"拓荒牛",他们的开拓、献身精神是深圳城市精神最初的元素。

在创业创新和新兴产业比较成功的城市，不难发现一个普遍现象：它们大多是或曾经是移民的城市。移民与创业者、企业家具备一个共通的特质，即冒险精神和成就事业的欲望。能够以较大概率创新成功的人才来自移民。移民自身的冒险精神和成功欲望，再加上他们带来的极具包容性的多元文化，对于形成创业创新生态，有着难以复制的独特优势。

深圳是一个经典的案例。在一张白纸上建立经济特区，这就决定了要市场经济体制先行，要有大规模移民涌入。正是移民的到来，使深圳出现了初创公司、创新生态，乃至独特的创新文化。深圳在这40多年取得的成就，尤其是战略性新兴产业行业领袖云集，就是无须多加解释的证据。深圳在较长的时间内没有好大学，凭着经济特区和相对最优的创新生态，移民填补了没有好大学的短板。时至今日，深圳有着比任何城市都更加高涨的办好大学的热情，就是因为认识到大规模移民的时代过去了，唯有好大学才能带来一定规模的移民。地方政府从长计议，抓住好大学和创新生态这两个重点，必然会在创业创新和新兴产业发展上见到成效。

三、务实：广府文化的精髓

广府文化是岭南文化的一个分支，其传统地域核心为珠江三角洲,并覆盖粤西、广西东南部等粤语区。在现代语境下,广府文化的辐射范围与粤港澳大湾区("9+2")高度重叠㊀。这个地区商业文明历史久远,务实成为群体行为的显著特征。在深圳经济特区成立30周年时启动的"深圳最有影响力十大观念"评选活动中,入选的"十大观念"中有一半与务实有关(见专栏6-15)。

◎ 专栏6-15

深圳十大观念

2010年8月,在深圳经济特区建立30周年之际,一位名为"为饮涤凡尘"的网友发表了一篇题为《来深十八年,再回忆那些曾令我热血沸腾的口号》的帖子,一石激起千层浪,引起了深圳全城的共鸣。

深圳报业集团随即启动了"深圳最有影响力十大观念"评选活动。活动第一阶段,广大市民海选出103条"深圳观念";第二阶段,专家评委会筛选出30条"深圳观念"。最终,第三阶段,两者再按各自50%的权重,评选出"深圳最有影响力十大观念"。

㊀ 粤港澳大湾区由广东省的9个城市(广州、深圳、东莞、惠州、佛山、肇庆、珠海、中山、江门)和2个特别行政区(香港和澳门)组成,即"9+2"。

值得一提的是，在第三阶段的终选中，市民和专家的评选结果高度一致，其中"时间就是金钱，效率就是生命"等三个观念均获全票，可谓反映了广大民众的心声。2016年6月，深圳评选十大文化名片，十大观念再次高票当选，足见其在深圳的地位和影响力非同一般。

"深圳最有影响力十大观念"如下所示。

（1）时间就是金钱，效率就是生命。

这一观念最早由深圳经济特区蛇口工业区在1981年提出，1984年10月1日它出现在庆祝中华人民共和国成立35周年盛大庆典的游行队伍中，从此在全国广泛传播。它折射出"发展是硬道理"和"效率优先"这两个核心理念，直接催生了蛇口速度、深圳速度。后来，这个口号发展成为最有代表性、最能反映经济特区成立早期深圳精神的观念。可以说，这一观念的出现也是中国特色社会主义市场经济破壳的标志之一，是深圳精神的逻辑起点。

（2）空谈误国，实干兴邦。

"空谈误国，实干兴邦"是1992年在蛇口竖起的标语牌，如今这块蓝底白字的标语牌仍然矗立在蛇口南海大道边。"空谈误国，实干兴邦"这个口号旗帜鲜明地倡导一种新的价值观和发展观，减少争论，多干实事，呼应了"发展是硬道理"的时代主题，为排除思想上的干扰、推进改革开放的探索与实践发挥了重要作用。

（3）敢为天下先。

1992年春，邓小平视察深圳经济特区并发表谈话，鼓励深圳大胆地试、大胆地闯。之后，《深圳特区报》《深圳商报》把邓小平视察深圳期间重要谈话中的观点、主张，结合深圳改革开放的实际，以社论的形式连续发表。"敢为天下先""先走一步""敢闯敢试"等观念迅速流行起来，成为深圳自我激励、勇做改革开放排头兵的坚定信念。

（4）改革创新是深圳的根、深圳的魂。

2005年3月25日，中共深圳市委工作会议上提出了"改革创新是深圳的根、深圳的魂"，提出深圳未来的发展仍然要向改革创新要发展动力，要发展优势，要发展资源，要发展空间。此后深圳颁布了《深圳经济特区改革创新促进条例》。这一观念不但是对过去深圳实践的高度浓缩，更是未来深圳发展的动力源泉，具有强烈的现实意义。

（5）让城市因热爱读书而受人尊重。

每座城市都有自己的梦想，每座城市都有自己的追求。作为一座移民城市，作为一座快速成长的城市，深圳市民选择了读书。从2000年开始，深圳市每年11月举办"深圳读书月"。在这座城市的最中心位置，屹立的是世界一流的书城和图书馆。热爱读书让这个城市更加文明，更加时尚。深圳因为热爱读书而受人尊重。

（6）鼓励创新，宽容失败。

从一座城市对待失败的态度，更能体会到这座城市的力量。"鼓励创新，宽容失败"是深圳精神、深圳力量的体现。改革开放初期，正是靠这种精神和理念，催生出深圳大大小小的"第一个吃螃蟹"之举。今天，当深圳各项改革将再次进入快车道的时候，"鼓励创新，宽容失败"在制度上得到了更多支持。"鼓励"和"宽容"无疑将再造一个激情燃烧的改革年代。

（7）实现市民文化权利。

文化是人类的精神家园，对公民文化权利的尊重，也就是对人本身价值的尊重。2000年11月首届深圳读书月期间，深圳在全国率先提出"实现市民文化权利是文化发展根本目的"的理念。从文化民生、文化服务到文化权利，深圳着力构建公共文化服务体系，提升市民文化权利的实现程度，从而也使深圳在进入新世纪后文化的地位和影响力大幅提高，为深圳经济、政治、文化和社会建设"四位一体"的科学协调发展创造了新的经验。

（8）送人玫瑰，手有余香。

这句源于古印度谚语的话，早已成为深圳义工的独特理念，深圳人耳熟能详。鲜艳的红帽子、红马甲已经成为鹏城大街小巷一道美丽的风景线。这个观念在多年前不但清晰明了地树立起深圳义工的形象并让深圳义工的理念迅速传播开来，而且是作为移民城市的深圳一贯倡导的关爱行动的一种深刻体现。帮助别人的同时，也使自己得到精神的愉悦，符合现代人的和谐、健康理念。

（9）深圳，与世界没有距离。

这是深圳申办世界大学生运动会的一句口号，后来广为传播，契合了深圳人具有世界眼光的追求。深圳作为改革开放的窗口和试验田，担负着中国走向世界的排头兵的历史重任。从讲速度到讲效益，深圳在不断转换发展方式的同时，一直努力追赶世界的潮流，向世界敞开胸怀，保持和世界的零距离。

（10）来了，就是深圳人。

这句简单质朴的口号散发着浓浓的"草根"味道，表达着居住在这座城市里的人内心对归属感的深沉呼唤，也代表着深圳的包容性以及移民城市的独特气质。三天一层楼，是谁的功劳？千万人口的城市，是谁的汗水铸就的？是你的，是我的，是深圳人的。

资料来源：王京生主编，《深圳十大观念》，深圳报业集团出版社2011年版。

四、包容：深圳的群体行为特征

移民来自五湖四海，无论是出生地还是祖籍，都不是深圳，但"来了，就是深圳人"。这句口号直白地道出了深圳的包容品质，丰富的事例不断充实着这句口号的内涵（见专栏6-16）。

◎ 专栏 6-16

来了，就是深圳人

深圳，这座年轻的城市，在短短45年间从一个边陲小镇蜕变为国际化大都市，创造了世界城市化史上的奇迹。在这片热土上，"来了，就是深圳人"不仅是一句口号，更是这座城市文化基因的真实写照。作为中国最大的移民城市，深圳95%以上的人口来自全国各地，形成了独特的移民文化景观。与此同时，作为岭南文化的重要发源地，广府文化在这片土地上依然保持着强大的生命力。两种文化的碰撞与融合，塑造了深圳独特的城市品格。

1980年8月26日，《广东省经济特区条例》发布，深圳经济特区正式成立。自此，改革开放的春风吹拂南粤大地，深圳成为无数追梦者的首选之地。从最早的南下打工潮的企业工人，到后来的高科技人才，再到如今的创新创业者，一波又一波的移民潮为这座城市注入了源源不断的活力。这些来自五湖四海的建设者带来了各自家乡的文化印记，在深圳这片热土上交织出一幅绚丽多彩的文化图景。

深圳的移民文化的最大特点在于其开放包容的特质。在深圳的街头，你可以听到全国各地的方言，品尝到天南海北的美食，感受到不同地域的生活习俗。这种文化的多样性不仅没有造成社会的割裂，多样的文化反而在"深圳人"这一共同身份下实现了有机融合。普通话成为通用语言,各地美食相互借鉴改良,形成了独具特色的"深圳味道"。这种开放包容的文化特质为城市的创新发展提供了肥沃的土壤,使得深圳成为中国最具创新活力的城市之一。

广府文化的务实精神,根植于岭南地区的自然环境与历史发展。临海土地贫瘠且台风频发,恶劣的地理环境条件迫使广府人形成"重实际、轻空谈"的生存智慧。岭南商业贸易逐渐繁荣以后,广府商人在频繁的商贸往来中总结出的"讲信用、求实效"的经商准则逐渐渗透到社会各个领域。深圳早期的"三来一补"企业正是广府务实精神的延续。本地村民将祠堂改造成厂房,用"边学边干"的实践精神完成原始积累。蛇口工业区提出的"时间就是金钱,效率就是生命"的口号,与广府文化中"计分算秒"的效率观一脉相承。

文化生态的形成会对城市发展产生深远影响,深圳独特的文化交融为各种创新要素的自由流动和组合提供了可能,促进人才集聚,激发创新活力。两种文化的交融使深圳形成了"立足现实、敢于突破"的群体智慧。在深圳 45 年的发展历程中,这种精神既体现在"三天一层楼"的深圳速度里,也蕴含在"硬核科技"的创新突破中。正如广府谚语所言,"路通财通,脑通更通"——创新是方向,务实是根基,二者的平衡方能铸就可持续发展的城市文明。

资料来源:作者根据公开报道整理。

随着时间的推移，移民城市也会成为稳定的以本地居民为主的城市。以上海为例，民国时期的上海有大量的移民涌入，对那个时期上海的发展产生了重要作用。但20世纪50年代以后，户籍制度在一定程度上影响了人口流动，导致某些本地社群出现排外心态，直到20世纪90年代初，浦东开发、开放以后，这种情况才得到改变。这就告诉我们，人口和劳动力流动，一方面是市场经济活动的基本前提之一，另一方面也是保持城市开放和活力的重要条件。

就目前我国城市的情形而言，大规模移民都不再现实。没有大规模移民，城市创业创新人才的增量来自哪里呢？答案是确定的、唯一的：来自大学，包括普通高等院校和职业高等院校，尤其是办学质量一流的好大学。好大学能够吸引来自其他地区的移民，而且，移民有一定的规模且素质好。北京为什么在创业创新方面有较好的表现，最重要的解释就是北京有好大学。

近10多年来，中国南方几座在创业创新和新兴产业上有上佳表现的城市，如杭州、成都、南京、武汉、长沙和合肥等，无不有着几所好大学，而且，这些好大学的毕业生留在所在城市的比例正不断提高。当然，好大学要和好的创新生态互动。二者孰为根本，见仁见智。我的看法是，好大学更为根本，否则，创新生态就是无源之水。好大学本身就是创新生态的重要相关主体。在硅谷，先有斯坦福大学，才有了旁边的科学园,才有了硅谷的创新生态。深圳这些年比任何一座城市都更加重视办大学,办好大学,就是一个再好不过的例证。深圳这座移民城市的文化保鲜和弘扬,在很大程度上依赖新移民,依赖现有的和将要开办的好大学。

"长期稳定、符合多数人利益的想象秩序实践,就是文化。"[一]这是中国台湾学者杨子葆先生在《城市的36种表情》中写下的一句话。这里,"想象秩序实践"对应"制度秩序实践"。后者通过成文制度,并通常以强制性手段规范与陌生人的相处。前者以非成文形式即观念、精神潜移默化地塑造城市,"一言以蔽之,就是建立'城市文化'",[二]持续地影响这座城市居民的行为和观念,乃至这座城市的发展。我曾在《南风窗》的一篇短文《南北差距是由文化差异导致的》中写道:"文化优势深刻地影响着经济活动的投入要素和机制,塑造着社会生活中个人和组织的行为,其作用有着传递性和可延续性。"这句话是从"想象秩序实践"的意义上说的,深圳的成功恰恰验证了城市文化的这个一般性。

20世纪90年代先后担任深圳市市长和市委书记的厉有为先生,如是概括深圳精神:"深圳精神就是拓荒牛精神,是开拓、创新、团结、贡献的精神。我们与深圳一起进行二次创业,探索社会主义市场经济新体制和新机制,也算是亲

[一] 杨子葆:《城市的36种表情》,商务印书馆2020年版,第220页。
[二] 杨子葆:《城市的36种表情》,商务印书馆2020年版,第219页。

身实践了'深圳精神'。"[1]是的，如果没有在一座城市的生活体验，是很难概括这座城市的精神和文化的。

2019年10月，深圳启动"新时代深圳精神"的提炼概括工作。"提炼概括工作坚持以社会主义核心价值观为引领，以'敢闯敢试、敢为人先、埋头苦干的特区精神''开放多元、兼容并蓄的城市文化'和'粤港澳大湾区人文精神'为基础，以'深圳十大观念'为参照，力求提炼出的'新时代深圳精神'既与中央有关精神保持高度一致，又能反映深圳鲜明的城市特色；既对深圳过去40年形成的精神气质进行'精准画像'，又为深圳未来的改革发展树立'市训'、做出期许。"[2]最后，"新时代深圳精神"被提炼概括为"敢闯敢试、开放包容、务实尚法、追求卓越"。可见，这16个字内在包含三个基本元素，那就是"创新、务实、包容"。

现在用创新、务实、包容这些元素概括城市精神和文化的城市不在少数，然而，同样是这三个元素，在不同城市会有不同程度的差异。深圳的创新、务实和包容，是没有在这里生活和工作过的人很难体会到的。正是创新、务实、包容的城市文化，影响并驱动着深圳不断前行。

到了本书要"杀青"的时候了，但总觉得话还没有说

---

[1] 深圳市政协文化文史委员会：《深圳口述史·科技篇（上）》，深圳出版社2023年版，第10页。
[2] 中共深圳市委宣传部、深圳市社会科学院：《新时代深圳精神》，海天出版社2020年版，第3页。

完。我想，如果把深圳"拟人化"，它还有哪些特点呢？我试着讲几点，算作本书的"结束语"。

第一，谦虚好学，博采众长。

深圳这些年发展过程中很多好的做法，不是"天上掉下来"的，而是虚心学习、努力实践得来的。深圳的城市规划是学了新加坡的，最典型的就是深南大道的规划建设。深圳的地方立法权和城市管理是学了香港的，政府通过法规条例营造发展环境，让市场主体发挥聪明才智，成就事业。

第二，低调实在，不事张扬。

我长期生活在上海，上海人比较低调，对夸夸其谈的人很是不屑。但在深圳，你根本见不到夸夸其谈的人。人们不是在做事（包括做诸如旅游、健身和美容的事），就是在去做事的路上。

第三，琢磨事，不琢磨人。

这一点是我特别喜欢深圳的理由。要创新，并且是务实地创新，就会有琢磨不完的事，根本无暇琢磨人。不琢磨人，也不能完全归因于"忙"，更重要的是城市文化的包容。包容人，而不琢磨人，这是深圳不同于国内一些城市，并且值得倡导的群体行为。

APPENDIX
附录

在写《创新无限：深圳奇迹启示录》的过程中，我翻阅了近10年来发表的与"创新"有关的文章。我意外地发现，在2017年5月至10月这5个月时间里，我在《文汇报》"文汇学人"版发表了三篇与"创新"这个主题有关的文章："如何系统地激发创新""我为什么认为'双创'如此重要？""企业家和企业家精神的若干视角"。我十分感谢《文汇报》理论评论部编辑的厚爱！

有朋友建议，将这些文章的内容拆分到本书的相关章节。这是很好的建议。但反复思量后，我决定还是采用"附录"的形式，将它们原文奉上，供感兴趣的读者了解我这些年来对创业创新、企业家和创新群体的关注。

如何系统地激发创新[一]

"如何系统地激发创新",是《硅谷生态圈:创新的雨林法则》[二](简称《硅谷生态圈》)一书的主题。《硅谷生态圈》的两位作者维克多·黄和格雷格·霍洛维茨,都是浸淫在风险投资行业多年的投资家。

一

《硅谷生态圈》是问题导向的。作者在"序言"中说,我们写这本书是因为我们一直在问"为什么"。第一个问题是:"为什么一些地区能繁荣起来而其他地区却静悄悄的?"这个问题和美国三位知名经济学教授达龙·阿西莫格鲁、戴维·莱布森、约翰·A.李斯特在《经济学(宏观部分)》[三]提出的问题"为什么并非整个世界都已经发达起来"很相似。后者从大处说,现今世界有200多个国家和地区,被公认的发达国家不到20个。前者从小处说,一些地区因创新而活力四射,但大部分地区"静悄悄"。

阿西莫格鲁在他此前的著作《国家为什么会失败》[四]中,

[一] 本文系作者发表在《文汇报》上的文章"如何系统地激发创新"(2017年5月19日,"文汇学人"版)。
[二] 本书中文版已由机械工业出版社出版。
[三] 本书中文版已由中国人民大学出版社出版。
[四] 本书中文版已由湖南科学技术出版社出版。

就提出包容性经济制度和掠夺性经济制度的分际，并将其运用于对经济制度如何影响经济结果的分析，证明包容性制度促进经济活动，掠夺性制度抑制经济活动。在《经济学（宏观部分）》中，他们说，制度因素而非地理因素、文化因素，是解释国家间差别的核心。《硅谷生态圈》的作者基于观察和比较的方法得到的结论是，能否构筑创新生态圈，形成创新文化，系统地激发创新，决定着一个地区经济的繁荣程度。

根据对创业创新实践的观察，作者提出了创业创新的雨林模型、雨林法则、雨林文化和雨林工具。什么是雨林？雨林是人类的生态系统。在生物学中，一个自然的生态系统是由一个群落的生物体相互作用及与环境的作用所构成的。这本书的雨林，就是人类的创新生态系统（即创新生态圈）。人的创造力、商业智慧、科学发现、投资资金以及其他元素以某种特别的方式结合在一起，培养萌发出的新想法，使其茁壮成长为可持续发展的企业。这就是生态圈创新文化的独到之处。

二

雨林不同于市场。作者的观察和研究聚焦于人的行为，他们挑战经济学的理性人假说，提出高于短期理性动机或超理性动机的社会行为。"在对创新生态系统中的人类行为建立一个自下而上的新阐述时，我们质疑经济学家一个多世纪以来的一些基本假设。"作者说，雨林模式是新古典经济研究的"对手学科"。雨林理论驳斥了这样的观念，即在私利的理性追求达到最大时，经济生产力是最高的。他们认为，创业创新行为需要个人超越短期个人利益，并关注长期共赢。加强人类创新生态系统的实力，关键因素在雨林文化，其中最为重要的，就是高于短期理性的动力。

然而，新古典理论的理性人假说，企业（家）追求利润最大化，指的是短期利润还是长期利润？答案是显然的，是长期利润，否则何来最大化？而且，新古典理论的一个特点，就是长期，或者说不分长期短期，就像不分"宏""微"一样。凯恩斯开创了短期分析，此后，经济学家在短期的基础上又提出长期及动态化分析。所以，作者说"高于短期理性的动力"，但新古典本来就不是短期理性，这个挑战似乎就难以成立了。

但是，作者还有一段话："在热带雨林中让人们从事创新的动机是，超理性动机（extra-rational motivations）。"超理性动机和高于短期理性的动机是不同的概念。超理性动机是指竞争的刺激、人类的利他心理、渴望冒险、探索以及创造的喜悦、为后代做打算、渴望实现生活的意义等。在我看来，应当将书中这两个提法一致列为超理性动机。如果说理性动机是经济学对人的行为的假说，那么，超理性动机就是基于人类的文化现象，且聚焦创新文化，对人的行为的概括。

观察雨林，有一个令人惊奇的现象：虽然自私自利是人的本性与需要，但是创新却要求巨大的自我牺牲与自我约束以实现成功。这正是企业家精神，等价于超理性动机。有人认为，企业家精神并不是通常所谓的企业家所特有的，究其本质，社会中任何个体，只要是愿意通过承担风险而获得超额回报，都可以认为是有企业家精神的。这显然是新古典框架中的认知。经济学家鲍莫尔的分析还表明，企业家精神并不必然是对社会有好处的，它可以是生产性的，非生产性的，甚至是破坏性的。这个分析的框架适用于人类任何群体的行为，如政治家、科学家，他们不都是这样吗？

具有企业家精神，并最终成为成功企业家的人为什么少之又少？这取决于他或他的团队是不是"对"的人（创业者或企业家），是否在做"对"的事情（需求）。经验表明，是否为"对"，是试错的结果，成功概率很小的试错。当然，他（们）是否处在一个"对"的地方（雨林）也很重要，这就是本书提出创新生态圈的价值：能够提高试错为"对"的概率。但是，创业者、企业家找对了需求，是否就意味着成功呢？答案当然是否定的。我提出过第三个试错"人格试错"，亦即企业主能否在激励和约束之间找到平衡，既能够直面挑战，赢取各种商机，又能够克服自我膨胀、过度投机和不良习性等人格缺陷，进而，人格试错为"对"，成为成功的企业家。

透过多次试错，可以印证《硅谷生态圈》两位作者的观点：企业家通常具有超理性动机，且具有天赋的多样性，能够跨越社会壁垒的信任，进而促进快速合作等特质。

三

对于雨林中的人的观察，并不仅限于挑战理性人假说，雨林模型还挑战了新古典增长模型（总量生产函数），突出了思想、天才（基石人物）的重要性。作者说，"雨林模型在新古典经济中是扭曲的。我们专注于思想、才能和资本，而不是土地、劳力、资本与技术。我们用'思想'代替了技术，是因为思想并不一定需要严格的技术化才能创新，例如尿布、咖啡杯与家具设计的创新。我们用'天才'代替了劳力，是因为创新是由专门的天才来驱动的"。这里的"思想"可能换成"创意"比较合适，其重要性已经被经验所证明。

"天才"，或《硅谷生态圈》中的基石人物，被作者特别推崇。"雨林的秘方是关于人以及他们之间是如何交互的。把人们的思想、才能与资本隔离开来的社会壁垒就像创新系统的齿轮之间无形的'口香糖'。被动自由市场对于推倒人为的墙是有用的，但是会把自然的社会墙留在原处，而主动自由市场致力于把社会墙也推倒。"

何为基石人物？何为社会壁垒？尤其是关于社会壁垒的讨论，是《硅谷生态圈》的一大亮点。很多创业者都是基石人物，但并不是所有创业者都是如此。作者首先阐述了和大家想象中不太一样的创业者的三大特点：其一，创业者并不是承担风险的人，而是寻求机会、管理风险的人，是风险的计算者。其二，健康的雨林可以增加他们的成功概率，创业者必须学习知识，并用不同于传统商人的方式运用这些知识，他们是非线性的思考者。其三，雨林则帮助创业者获取更好的信息，更重要的是，创业者不是教室里教出来的，他们在战场上做决定的能力决定胜败。

基石人物在上述特点的基础上，还有三个重要特质，即整合力、影响力和冲击力。基石人物可以创造更大价值的原因是他们是社会信任的中介，特别是在信任缺失或稀缺的时代，基石人物的价值更加凸显。基石人物扮演的是联络社会各界的角色，他们的作用不仅限于创新的热带雨林。社会规范需要信任，而形成足够使社会规范发展并延续的社会信任并不容易。热带雨林有了这些规范才能繁荣。当企业家的创新远离增加成本的法律合同，并趋近于成本较少的社会规范时，企业就会发展得更好。基石人物是维系规范、建立信任的枢纽。

以前经济学的研究关注技术壁垒、管制壁垒，但较少涉及社会壁垒。对于创新生态圈来说，当上述壁垒都基本不存在时，降低或跨越社会壁垒就显得十分迫切。作者认为，有五个支柱可以帮助降低社会壁垒。这五个支柱包括：多样化，是指人们既掌握专业领域知识，也掌握市场、业务、财务、管理和其他技能，从而来帮助初创企业成长；超理性动机；常规的社会信任；雨林的规则，包括突破常规、追求梦想、敞开大门、倾心聆听，信任与被信任，寻求公平而不是优势，容忍失败、鼓励坚持等；规则的阐释。在进行跨越社会壁垒的沟通时，多样化增加了人们之间的互动。超理性动机给予人们积极的因素去交流。社会信任、规则和对这些规则的诠释超越了这些壁垒，所以人们能够相互合作和互相交流。社会壁垒的降低与制度性交易成本的降低是高度正相关的。

四

作者通过比较圣迭戈和芝加哥、硅谷和沃巴什谷，挑战集群理论，进一步论证创新生态圈对于创业者和企业家的重要性。

25年前，圣迭戈还只是美国的养老社区与军事社区，但是现在被赞誉为美国培育高成长创业公司的最具成效的地区之一。圣迭戈每年都会有超过300多家的企业诞生，该城市的创业公司所吸收的风险投资总额比美国中西部地区的还多，世界上绝大部分领先的生物制药公司都已经在圣迭戈运营，相同的事情也正发生在软件、医疗设备、能源技术，以及其他需要技术创新激励的行业中。

尽管芝加哥都市圈拥有良好的基础设施、科研机构、人才、资本以及宏伟的愿望，但是与圣迭戈的技术创业公司大潮相比，芝加哥就像一条涓涓细流，这里的创业公司很难成长为可持续发展的公司。如何解释其中的差别呢？人们经常用两个原因来解释圣迭戈的成功：一是美国自由企业体系的力量，二是天才与专长的集中。但是，这两条至少在芝加哥也是成立的。因此，这种传统的答案很难解释这两座城市之间复杂的不同。

印第安纳州的沃巴什谷与加利福尼亚州的硅谷基本上具有相同的法律框架，涉及劳工、税收、安全、契约、知识产权等各个方面。依照新古典经济学的观点，各种障碍是越来越少了，因此，创新行为应该喷发出来才对。此外，美国中西部地区同样获得了大量联邦科学研究经费的支持，因此也不能以这个美国核心地带缺少有好点子的聪明人士为借口。然而，事实上，在沃巴什谷启动一个"谷歌公司"要比在硅谷困难得多得多。新古典经济学中的自由市场理论并没有对这个问题提供全面的解决方案。

世界上的大部分地区都想成为雨林，但是却寻找不到办法。绝大多数人仍然不懂得到底是什么创造、培育并激活了创新过程。作者问，是什么使得圣迭戈、硅谷这么独特？事实上圣迭戈、硅谷已经变成创新活动的高级生产体系——雨林，而芝加哥、沃巴什谷并没有形成雨林。

他们认为，传统创新观点中的两个支柱——自由市场与集群，已经无法为系统创新的奥秘提供完整的答案。因为，凡是与创新有关的地方，市场都是非常低效的。这个观点会令许多人震惊。开始的时候，我们并不认为政府是创新中必不可少的因素，但是，我们的亲身经历告诉我们，公共机构承担了远比一般思维中所认为的更加重要的角色。

问题还不止于此。对于创新的生态系统，"最重要的不是经济产出中的成分，而是配方——各种成分是如何组成到一起的"。"公共机构可以帮助培育创新系统，各种原材料可以在这个创新系统中以正确的方式组合在一起。"因此，创新系统不仅仅是自由市场，而是各种因素协同作用；不仅仅是集群，而是系统要素完美组合的集群。雨林的秘方是关于人以及他们之间如何交互的。这里，基石人物是关键的"人"，在交互中消除社会壁垒，是基石人物的魅力。

可见，雨林理论对集群理论做了完善和提升。集群仍然存在，新经济比制造业和服务业更加需要人才集聚意义上的集群。生态圈肯定是新经济的集聚地和策源地，就像美国的硅谷、以色列的硅溪。生态圈的集群、集聚更多地考虑各种要素的配方、组合和交互作用，这正是集群理论薄弱的环节。

五

在比较圣迭戈和芝加哥时，《硅谷生态圈》的作者提到，两地都有顶尖的大学，芝加哥有两所世界一流大学——芝加哥大学和西北大学；加州大学圣迭戈分校同样在迅速崛起。但是，为什么圣迭戈成为创新生态圈，而芝加哥没有？这就告诉我们，现在有了一种新的大学类型，那就是培养创业创新人才的大学，加州大学圣迭戈分校是这种类型的大学，芝加哥大学和西北大学却不是。

何为培养创业创新人才的大学？这个问题没有标准答案，但有两点可以肯定：其一，培养创业创新人才的大学是创业创新生态圈的一个不可或缺的要素，如斯坦福大学之于硅谷，麻省理工学院（MIT）之于波士顿；其二，创业创新生态圈为培养创业创新人才的大学提供不可多得的机会和条件，所以，二者互为因果、相得益彰。

美国是世界上一流大学最多的国家，也是世界上推行创业创新教育最早、最成功的国家，斯坦福大学和 MIT 就是创业创新教育的成功者和领跑者。以色列的特拉维夫大学和以色列理工学院、德国的柏林工业大学，都在创业创新教育方面取得了不俗的成绩，为当地的创业创新输送了源源不断的人力资本。静态地说，创业生态圈对于吸引创业者、企业家至关重要；动态地看，培养创业创新人才的大学则在很大程度上决定着创业生态圈持续的生命力。

我国的创业创新教育起步较晚，可以说还没有系统的做法，更没有成功的经验。但问题的症结在于，一段时期以来中国的教育体制可能并不适应，也无法推动创业创新教育的发展。所以，在创业创新驱动经济增长的倒逼下，推动新一轮教育体制的深化改革，才能使中国的教育承担起培养创业创新人才的重任。如果说经济体制改革是过去三十多年中国经济高速增长的推手，那么，未来的教育体制改革，就将在创业创新驱动增长的过程中，担当更为重要的责任。这是构筑创新生态圈的要求，也是发展新经济的要求。

拆解如何系统地激发创新，似乎演化为两个问题：如何激发超理性动机？如何让生态圈为激发超理性动机发挥更好的作用？不是每个人都有超理性动机，我们也不知道谁有谁没有。所以，还是要有好的条件、机会，让人们试错，让愿意试错的人在生态圈产生"触电"的感觉，迸发出试错的愿望，并付诸行动。这可能就是超理性动机与生态圈的最好互动,也是对生态圈的最好检验。

对此《硅谷生态圈》只是基于观察和比较的方法,尚没有做经验实证的研究。相信未来会有学者做生态圈的实证研究,以期得到进一步的成果。

我为什么认为"双创"如此重要? ⊖

2017年7月6日下午,我出席了李克强总理在国务院第一会议室召开的经济形势专家和企业家座谈会。在中国,像我这样的经济学者有很多,选中我参加这个重要的会议,可能主要与我近几年来关注创业创新有关。

一、我的目光是怎样转向"双创"的

2008年9月,金融危机爆发以后,中国政府为了防止经济过快下滑,进而导致严重失业,采取了一系列刺激政策,但由于外部需求冲击比预想的要严重,同时,刺激政策将原本已经存在的结构性矛盾,主要是产能和债务问题推向了更加严峻的地步,所以,在2014～2015年,党中央、国务院相继提

⊖ 本文系作者发表在《文汇报》上的文章"我为什么认为'双创'如此重要?"(2017年7月28日,"文汇学人"版)。

出"新常态"、供给侧结构性改革的新战略和新举措,"大众创业,万众创新"作为社会动员和实施途径也同时提了出来,试图从激发中长期增长动力的角度,并通过自下而上的力量,实现中国经济转型。

说来也巧,也就在这一段时间,我利用带 EMBA 学生去以色列游学,到深圳为 MBA 学生上课、面试的机会,对这两个地方的创业创新做了比较深入的考察和调研,增加了不少创业创新方面的见识。

基于经济环境的变化,我和许多经济学者一样,将目光转向了总供给、中长期增长这一侧。此后,我时常想起诺贝尔经济学奖得主罗伯特·卢卡斯说过的一段话。他说:"印度政府是否能采取某些行动使印度的经济像印度尼西亚和埃及的经济那样增长?如果能,那么应该采取哪些政策呢?如果不能,那么到底是哪些'印度的特性'使其无法这么做呢?这些问题中所包含的人类福利含义本身就是非常重要的,一旦我们开始思考这些问题,我们就发现很难再去思考其他问题。"像他说的那样,我发现,开始思考与增长有关的创业创新问题后,我对其他问题都感到兴味索然。这是因为,创业创新接近经济增长的本源和原因。我对卢卡斯这段话的深意有了新的体悟。

在此期间,还发生了我被"冠名""双创学者"的趣事。

2016年底,利用在深圳给MBA同学上课的机会,深圳湾创业广场邀我做了一个讲座,当时的题目是《中国经济的希望在"双创"》。回来后,我将讲稿发给了《解放日报》的资深编辑王珍。发表时,她根据文中内容,将标题改为《"双创"并非权宜之策,而是转型大计》。我猜想,半是因为演讲内容,半是因为这个标题,国务院主办的中国政府网,在网站头条位置将这篇演讲稿挂了十多天。据说,学者的文章在该网站挂那么多天,比较少见。这期间,国务院有关部门给我打过电话,问我是否还有这方面的研究成果。文章被国内各大网站转载,不知是出于笔误,还是其他原因,一家知名网站转载时标题出了状况。他们的标题原本应该是《总理力推"双创",学者说"双创"并非权宜之策,而是转型大计》,但是,他们漏了前面那个"逗号",这样一来,不仅句子是不通的,而且意思发生了莫名其妙的变化:总理力推"双创"学者……我就成了总理力推的"双创学者"。此后,有人给我发邮件,说他有一个好项目,要我向总理推荐,令人啼笑皆非。在上海经济学同仁的有关会议上,有人戏称我为"双创学者"。在重本抑末的传统文化影响下,草根创业本来就不登大雅之堂,现在又被"炒作"得如此热闹,确实有人认为,这过头了。

我不这么看。"大众创业、万众创新",对于中国经济转型与发展有着根本性的意义,尤其在最终确立市场经济微观基础、培育中长期增长动力和新兴产业试错,乃至重构社会主流价值观等重要方面,有着无可替代的作用。而且,经由无数次创业创新试错,进而走向成功的企业家,是社会最为稀缺也最为重要的资源。我们今天大力倡导的"双创",就是培育企业家和企业家精神的源泉。

二、"双创"将构建市场经济的微观基础

我们在讲发展方式转型时,不能忘记中国的体制转型并没有完成。厉以宁先生说,我们现在是"双重转型"。尽管以国家创业为基础的计划经济体制,在框架上已基本瓦解,但是,由民间创业构筑的、与市场经济体制相适应的微观基础还没有建立起来。我在深圳湾演讲时,用下面这段话开场:但凡社会在经历大的变革和转型的时期,一定会有一件自下而上的重要事情,影响甚至决定着变革和转型的成功。就像20世纪20年代开始的中国革命,70年代末开始的中国改革。那么,正在进行的这场中国经济转型,哪件自下而上的事情对其至关重要呢?我认为,就是"大众创业,万众创新"。当然,人类社会有许多自上而下的事情也很重要,但更为有趣、影响更为深远的,总是那些自下而上的事情。自下而上的"双创",不就是构建市场经济微观基础所需要的吗?

在今天的中国,多样化的创业在重构市场经济的微观基

础。第一种是初始创业。初始创业一般都是民间创业，是民营经济成长的主要通道。如何界定初创？可以从创业融资的维度，给出从初创到完成初创的过程：获得天使轮投资即 A 轮，然后是 1～3 轮的风险投资（VC），再到私募投资（PE），最后是 IPO。初始创业的挑战性在于寻找新的可重复和可扩展的商业模式，拓展市场并赢得利润。这个过程就是一个不断试错的过程。若干年后看，中国的大部分企业，尤其是大中型企业，都将是经由这种方式成长起来的。

除了新创公司的初始创业，大公司也都在再创业。这里，大公司泛指完成了初始创业的公司。也就是说，创业创新对于公司来说，是一个连续的、生生不息的过程。大公司内部创业，是以创建新技术、改进管理和流程、拓展业务领域为目的的创新活动。大公司内部创业通常以搭建一个平台来加以实施，所以，内部创业也经常被称为平台创业。平台创业能够获得母公司的更多资源，诸如现金流、供应链、分销能力、销售队伍和品牌影响力等。大公司的创业平台由平台组织，即平台主、小微主（初创公司）和创客，多边市场平台，产品族平台和平台生态系统组成。这些组成部分发挥着各自的功能和作用，不同程度地提高了创业创新的效率和成功率。

我在深圳调研时，还发现了一类兼具改革和发展双重意义的融合创业案例。一家以车联网为主要业务的初创公司——

安煋信息技术有限公司,与中国国际海运集装箱(集团)股份有限公司旗下的全资子公司——中集车辆(集团)股份有限公司,注册一家股份制的新公司,共同开发智能挂车门户平台。新公司通过第三方设备、应用软件和服务整合,成为智能管理系统、挂车运营价值挖掘和挂车运营车辆大数据的提供商。由此,作为大企业的中集车辆,将完成智能化的改造升级;安煋这家初创公司则将拓展业务空间,获得可遇不可求的发展机会。正如李克强总理所说,这种新模式使央企与中小微企业不再是简单的上下游配套关系,而是形成优势互补、相互服务、利益共享的产业生态,不仅会对推动企业发展产生乘数效应,也会带动大量社会就业,给各类人才实现价值提供更大空间,促进社会公平正义,其激发的巨大社会创新创造潜力前景难以估量。

美国经济学家威廉·鲍莫尔在将熊彼特的理论范式运用于创新增长的实践时说过,市场经济的最佳形式(微观基础)就是大企业型和企业家(创业者)型两类企业的混合。后者指的就是初创公司。一方面,大企业有着专业化和规模经济的优势;另一方面,初创公司有着充分的活力,进行着新经济所需要的各种试错,进而成为新动力的源头。

三、"双创"孕育着中长期增长动力

早在20世纪90年代,中国经济在经历了十多年的高增长后，就显露出高投资、高出口拉动增长的弊端，但高增长"一俊遮百丑"。而且，在当时，高投资、高出口还有增长空间；在这种增长模式下，绝大部分企业都还有利润空间。所以，即便在20世纪90年代就提出转变增长方式，到了新世纪，又"提升"为转变发展方式，但收效不大。直到2008年全球金融危机，应对危机的刺激政策在解决问题的同时，将已经存在的产能、杠杆和泡沫等问题推向极端，致使上上下下都不得不正视这些问题。一方面，我们需要对未来一个时期的增长和发展方式提出新的概括，另一方面，我们的目光自然转向供给侧，转向中长期增长动力。前者的答案是"新常态"，以此区别于过去三十多年的"旧常态"；后者是解决问题的关键，但要经历一个过程。

2014年5月，习近平总书记在河南考察时提出"新常态"；同年11月，他在亚太经合组织工商领导人峰会开幕式上演讲时，概括了"新常态"的三个特点：中高速增长、结构优化升级、创新驱动。2015年中的一段时间，人们已经熟知的权威人士在考察和会议中三次提到"企业家精神"。《文汇报》的记者很敏感，问我是否可以就此写一篇文章。我在《企业家精神是经济增长原始动力》中提出，中长期经济增长和发展的动力，不是所谓"三驾马车"意义上的来自需求侧的动力，而是指供给侧动力，主要是技术进步、人力资本和企业家精神。到 2015 年 11 月 10 日，习近平总书记提出："在适度扩大总需求的同时，着力加强供给侧结构性改革。"《文汇报》又让我写了一篇文章。我在文中强调，中国目前还有大量阻碍供给侧动力形成和发挥作用的体制性、政策性障碍，所以，要通过供给侧结构性改革，才能激发和产生供给侧动力。这就是提出供给侧结构性改革的必然性或大致的逻辑。至此，对于以改革的方式培育中长期增长动力，基本达成了共识。

四、"双创"的试错与新兴产业发展

新动力在哪里产生新价值？在新经济即战略性新兴产业中产生。在那里，技术进步、人力资本和企业家精神三要素组合，产生"化学反应"，进而产生新价值。这里会产生一个绕不过去的问题，那就是，战略性新兴产业与产业政策是什么关系？一段时间以来，经济学家有一场关于产业政策的争论。日本是公认的第一个有明确的产业政策的国家。作为一个战败国，二战后日本政府希望集中资源，把百废待兴的产业发展起来，使之带动国民经济快速发展。所以，原本的产业政策是由直接干预产业发展而来的。这就道出了产业政策的本来意义和内涵：有直接干预产业发展的目标和手段，如日本的重化工业发展目标，以及对重化工业的优惠利率。这个意义上的产业政策到底是利大于弊，还是弊大于利？这是讨论产业政策的要害。日本产业政策的利弊得失本来也是见仁见智的。即便持利大于弊的观点,这可能也与日本是在市场经济体制的基础上,辅之以适度的产业政策有关。还有两点亦很重要:其一,在日本实施产业政策的时代,供大于求的格局尚未形成,产业发展往往对应着比较确定的需求,产业政策的指向不至于发生太大的偏差;其二,健全的法制在其中起到了至关重要的作用,这和新加坡差不多,政府在推动经济发展中也起到了较大的作用,但法律制度和依法治理的保驾护航甚至是前提性条件。

现在的问题是,当供大于求的格局已经形成,新经济成为主要增量来源时,用什么办法来推动新经济的主要内容——战略性新兴产业和未来产业的发展?观察新经济的策源地,如旧金山(硅谷)、波士顿、圣迭戈、特拉维夫-海法(硅溪),还有深圳的南山(硅山),我们不难发现,创业者、企业家和投资人的共同试错,百折不挠的试错,成就了新兴产业,乃至未来产业,现代产业体系就在其中渐渐地形成了。我们无论如何不能设想,用产业规划引领,以产业政策支持,能够发展出我们今天看到的现代产业体系。所以,各方共同努力打造创新创业生态圈,让各种与创新创业有关的要素在这里聚合、试错,就能够最有效地培育和发展新兴产业、未来产业。政府的公共机构可以在这个生态圈中扮演重要的角色,公共机构提供的公共服务将极大地提高创新创业的效率。经验还表明,政府或有关第三方机构的技术预见,也将为创新创业项目提供帮助。但所有这一切,都不能也无法取代创业者、企业家和投资人的试错。新兴产业和未来产业就是他们无数次试错的结果。

五、"双创"将重塑主流价值观

在中国经济、社会和政治体制改革与转型的过程中,主流价值观经历了从迷茫、缺失,再到重塑的过程。与提出"大众创业,万众创新"相适应,中国社会的主流价值观正处于艰难的重塑期。

主流价值观的形成是多因素综合作用的结果。其中一个重要的、具有决定性作用的因素是这个社会的财富生产方式。迄今为止,人类社会大致有过三种财富生产方式:自然经济、市场经济和计划经济的生产方式。自然经济、计划经济都已经退出了历史舞台,市场经济是当下世界各国(除个别国家)的财富生产方式。当然,世界各国的市场经济因体制、制度和文化的差异,各具自身的一些特点,但其基本的运作机制是一致的,或趋向于一致的。

市场经济通过哪个中间环节作用于主流价值观的形成呢?我们知道,市场经济不同于计划经济的一个基本的机制性特征就是分散决策,每个决策主体要对自己决策的后果负责。这就意味着市场经济需要全体人民的想象力和创造力,国民经济的动力和活力来自创业、就业和消费的多样性。这里,创业和就业、就业和消费（收入）存在着决定和被决定的关系。就长期而言，创业的规模和水平决定着就业的规模和水平；就业的规模和水平又决定着消费的规模和水平。可见，创业是市场经济的原生态。今天的创业内在又包含各种意义和形式上的创新，特别是原创技术的创新，进而创新是市场经济的原动力。因此，市场经济通过"双创"这个重要的中间环节，影响主流价值观的形成。

那么，"双创"又怎样具体地影响主流价值观的形成呢？李克强总理说："我们推动'双创'，就是要让更多的人富起来，让更多的人实现人生价值。这有助于调整收入分配结构，促进社会公平，也会让更多的年轻人，尤其是贫困家庭的孩子有更多的上升通道。"民富国强是主流价值观的物质基础。唯有将富强作为价值观的"首善"，才有可能在国家、社会和公民个人层面共同形成主流价值观，也才有可能让主流价值观体现在国家、社会和公民个人的日常生活之中。在经济体制和发展方式转型的背景下，更多的人富裕起来并实现人生价值，是通过"双创"，或通过"双创"创造的就业机会得以实现的。而且，"双创"将通过提高收入和职业的流动性，使公平与富强融为一体，共同成为主流价值观的基石。

对于广大投身"双创"的人来说，创业创新的成功就是一个有待实现的"梦"。无论是"美国梦"，还是"中国梦"，都意味着,政府和社会要为公民实现梦想创造更加自由、公平的环境,但你不能期待政府和社会提供超出"普惠"的条件和机会,个人和团队的自我奋斗是实现梦想的核心要素。具体到创业创新,就是不需要依凭关系、出身等前置性条件,而是依靠自己和团队的努力奋斗,借助于"双创"生态系统的帮助,就可以实现自我的人生目标,乃至梦想。这里,自由的个人奋斗既是主流价值观的具体体现,也是实现人生价值的基本途径。富强是主流价值观的物质基础;公平是主流价值观的基本诉求;自由是主流价值观的目标追求。主流价值观的这些基本方面都与"双创"的伟大实践紧密联系在一起。我们要从更广泛的意义上认识"双创"、推动"双创",使中国经济的可持续增长,中国社会的可持续发展建立在这个可靠的基础之上。

企业家和企业家精神的若干视角[一]

在社会科学领域,尤其是经济学领域,当某个概念产生时,如企业家,多半是有了与此相关的实践活动。企业家这个称谓(也是一个概念)的出现,有一个比较有趣的过程。"我们最早使用'企业家'(entrepreneur)一词源自中世纪末期,当时这个法国贷款领域的术语被用来形容一名战场指挥官。后

[一] 本文系作者发表在《文汇报》上的文章"企业家和企业家精神的若干视角"(2017年10月31日,"文汇学人"版)。

来，它的意思逐渐扩展到商业领域。同时，它也被用来描述'某个公共音乐机构的主管或管理者'，这要早于19世纪末经济学家理查德·埃利在《政治经济学导论》一书中对它略带不屑的阐述：我们不得不从法语中借用一个词语来形容组织和管理生产要素的人，我们把这些人称为企业家。《牛津英语词典》认为，自理查德·埃利之后的经济学家，包括凯恩斯，无疑还有熊彼特，都已经使用'企业家'这个词，虽然当时的高等学府尚未认识到研究和培养企业家的价值。"㊀

经济学用到企业家这个称谓或概念，确实首先与"组织和管理生产要素"有关，这就提出本文的第一个视角。马歇尔视角。无论从历史线索，还是逻辑联系，紧接着都要讲到创新理论的鼻祖熊彼特，他解释道，创新是指"企业家对生产要素所做的新的组合"。鲍莫尔对企业家做了一个重要的分类：推动经济增长的生产性企业家，即创新型企业家，以及很少推动或不推动且实际上有时还会损害经济增长的非生产性企业家。这个分类的目的是引入制度对企业家成长影响的相关研究。韦伯则从文化的视角，主要是宗教的视角，研究现代资本主义和企业家精神的起源。每个视角虽然都以人物冠名，但还是会包括其他有关人物的观点。

㊀ 戴维·兰德斯等：《历史上的企业家精神：从古代美索不达米亚到现代》，中信出版集团2016年版，第107页。

一、马歇尔视角：组织或企业家才能的视角

如果说企业家最初是指"组织和管理生产要素的人"，我们就必须看看阿尔弗雷德·马歇尔在1890年的《经济学原理》（中文译作于2005年由华夏出版社出版）中是怎么说的。马歇尔第一次在传统的生产三要素的基础上，提出了第四个生产要素"组织"。《经济学原理》第四篇的标题为"生产要素——土地、劳动、资本和组织"。马歇尔提出的"组织"要素与资本有关。他认为，"资本是指为了生产物质产品以及为了获得通常被算作一部分收入的利益而储备的一切资源"。而且，"资本主要是由知识和组织构成的，知识是我们最有力的生产动力。……组织则有助于知识。……有时似乎非常适合把组织分离开来，单独算作一个独立的生产要素"。

在马歇尔那里，组织这个要素至少有两个层面的含义。其一，产业组织（书中译为"工业组织"），主要指组织能够带来效率的方面，马歇尔分别论述了分工、专门化、集聚和大规模生产等。其二，企业家才能。他指出："在大多数经营中，都有企业家这个特殊阶层参与。"尽管他隐约地指出了企业家和经理人的区别，如"将销售交由专门的人来经营"，但是，关于企业家，马歇尔主要是在讲经营才能，他用很大篇幅讨论经营资本的才能的供给价格。后人将马歇尔提出的"组织"视为企业家才能。因此，在经济学的框架中，企业家首先是一种

才能，是一种配置资源、发现市场的才能。

后来的富兰克·奈特、罗纳德·哈里·科斯深化了对企业家才能的研究。奈特（1921年）认为，在不确定性的假设下，决定生产什么与如何生产优先于实际生产本身，这样，生产的内部组织就不再是一件可有可无的事情了。生产的内部组织首先要找到一些最具管理才能的人，让他们负责生产和经营活动。而且，世界上只有少数人是风险偏好者，而绝大部分人是风险规避者和风险中性者，后者愿意交出自己对不确定性的控制权，但条件是风险偏好者即企业家要保证他们的工资，于是，企业就产生了。也就是说，在企业制度下，管理者通过承担风险获得剩余，工人通过转嫁风险获得工资。到了奈特的晚年，他在《企业家精神：处理不确定性》（1967年）中，将企业家才能与企业家精神等价了。奈特对企业起源和性质的讨论对包括科斯在内的所有经济学家，尤其是新制度经济学家都有着深远的影响。

科斯并不同意奈特的观点。科斯也在问，为什么在市场经济中要有企业存在。科斯1937年的论文《企业的性质》，以演绎推理的方法独辟蹊径地讨论了企业存在的原因及其扩展规模的界限问题，科斯创造了"交易成本"这一重要概念对这一问题予以解释。他的假说是，"可以假定企业的显著特征就是作为价格机制（市场）的替代物"。为什么要替代？企业的存在是为了节约市场交易费用，即用费用较低的企业内交易替代费用较高的市场交易。所谓交易成本，即"利用价格机制的费用"或"利用市场的交换手段进行交易的费用"，包括提供价格的费用、讨价还价的费用、订立和执行合同的费用等。在交易成本间进行选择，是企业家才能的集中体现。

在奈特和科斯那里，企业和企业家是混用的。他们的两种解释都可归结到企业家才能。市场并非万能的，企业家有时比市场更有效率，企业家是市场的替代物。科斯认为，当市场交易成本高于企业内部的管理协调成本时，企业便产生了，企业的存在正是为了节约市场交易费用，即用费用较低的企业内交易代替费用较高的市场交易；当市场交易的边际成本等于企业内部的管理协调的边际成本时，就是企业规模扩张的界限。也就是说，节约两种交易费用，扩张或是收缩企业规模，都是企业家才能的具体运作。

二、熊彼特视角：创新的视角

"研究企业家和企业家精神的多数人，都深受熊彼特的研究启发，特别是他论述企业家精神的经典论文，当然也包括他的其他许多著作。"㊀（第 147 页）尽管熊彼特将创新视为企业

㊀ 戴维·兰德斯等：《历史上的企业家精神：从古代美索不达米亚到现代》，中信出版集团 2016 年版，第 147 页。

家的特质，几乎在二者间画了等号，但他对创新的定义是专一的、特定的，对企业家精神的定义却比较宽泛。

熊彼特明确指出创新与发明的区别：创新不等于技术发明，技术发明只有被应用到经济活动中才成为创新。创新者专指那些首先把发明引入经济活动并对社会经济活动产生影响的人，这些创新的倡导者和实行者就是企业家。因此，企业家既不同于发明家，也不同于一般的企业经营管理者，是富有冒险精神的创新者，创新是企业家的天职。经济增长的动力是创新者——有远见卓识、有组织才能、敢于冒险的企业家。经济增长的过程是创新引起竞争的过程：创新—模仿—适应。企业家精神是企业家为了证明自己出类拔萃的才能而竭力争取事业成功的非物质的精神力量，支配着企业家的创新活动。

熊彼特还通过区分创新活动中的"适应性回应"和"创造性回应"，指出了一般管理活动和创新创业活动的区别。他解释说，"如果创业活动和一般管理活动之间不一定存在着明显的分界线"，则"对给定条件的适应性回应和创造性回应之间可能就不存在恰当与否的问题，但两者有着本质上的区别"。这个区别就是，前者是一般管理活动，后者是创新创业活动或企业家精神之所在。在熊彼特看来，市场经济增长的主要推动力是企业家精神。企业家的职能是把生产要素带到一起并组合起来。所谓"资本"就是企业家为了实现"新组合"，把各项生产要素转向新用途，把生产引向新方向的一种杠杆和控制手段。因而资本的主要社会功能在于为企业家进行"创新"提供必要的条件和手段。

熊彼特还观察到一个即便在今天也很有意义的现象："创业才能不一定体现在某个自然人，特别是某个具体的自然人身上。"㊀此话怎讲？其实，熊彼特当时就看到，创业更多的是一个团队的活动、法人组织的活动，而不是自然人的活动。通过合伙人的制度安排，可能提供更大的投入并分散风险；创业创新团队成员在各种特质，如冒险精神、组织才能和性格等方面互补，将有助于提高创业创新的成功率。

尽管"熊彼特创新"不是一个技术概念，而是一个经济概念，是一个狭义的创新概念，但是，今天以科技创新为核心的全面创新是包括科学发现、技术发明（进步）、文化创意和制度变革，以及企业家创新在内的广义创新。企业家在这里的关键性作用是作为创新成果走向市场（产业化）的试错者和组织者。科学发现、技术发明、文化创意和制度变革的成果，都是企业家主导的产业化过程的投入要素。因此，创新，特别是技术创新，向来都是企业家精神的产物。这是熊彼特视角的精髓。

㊀ 戴维·兰德斯等：《历史上的企业家精神：从古代美索不达米亚到现代》，中信出版集团2016年版，第147页。

三、鲍莫尔视角：制度的视角

在鲍莫尔看来，"'企业家'就是那些能够敏锐洞察机会而主动从事某项经济活动以增加自身财富、权力或声望的人。"㊀他认为，"把这种活动进一步分为两类不无裨益。第一类包括可复制的，或从事同现有企业极其相似或相同活动的所有企业。新开设一家鞋子专卖店是这类可复制的企业创建的极好例子。相比之下（即第二类），创新型企业家创办的企业要么提供新产品或采用新生产工艺，要么进入新市场或采取新的组织形式。创新型企业家的主要作用不是发明（这一观点来自熊彼特）。相反，他们为前景可期的发明构思最佳用途并将这些发明推向市场，以此来确保这些发明的利用"。㊁尽管鲍莫尔将这两类活动都视为企业家所为，但我以为，第一类是商人的活动，第二类是企业家的活动，商人和企业家是两类人。鲍莫尔同样强调，企业家的作用在于用新技术、新产品开拓新市场。也正因此，第一类活动不应作为企业家的活动。

鲍莫尔将这些企业家细分为推动经济增长的生产性企业家，以及很少推动或不推动且实际上有时还会损害经济增长的非生产性企业家。"也许令人惊讶的是，可复制的创业活动和

㊀ 戴维·兰德斯等：《历史上的企业家精神：从古代美索不达米亚到现代》，中信出版集团 2016 年版，第 629 页。

㊁ 戴维·兰德斯等：《历史上的企业家精神：从古代美索不达米亚到现代》，中信出版集团 2016 年版，第 629 页。

增长之间的相关性较少或没有，而且这种相关性甚至可能是负的。一个合理的解释性假说是，缺乏迅速的技术变迁和相应的增长造成了就业岗位的不足，由此产生的失业者随后不得不依靠开小店或成为流动商贩谋生。"㈠创新型企业家的关键是对市场敏感，是能够发现并开拓市场。

即便是创新型企业家，也可以是生产性的或非生产性的。"非创新型的生产性企业家（按前后文的意思，译为'创新型的非生产性企业家'可能更准确），是指那些将新方法用于寻租、犯罪和其他非生产性的，甚至社会破坏活动的富于创新精神的个体。"㈡鲍莫尔举了一些例子，说明了他对非生产性企业家的看法。其实，非生产性企业家已不在经济学应该关注的领域，对此，鲍莫尔也是清楚的，他说："我们这里的重点却是关于创新型'生产性'企业家精神的证据，这些证据来自本书提供的历史素材。创新型生产性企业家精神是曾经推动并将继续推动现代世界经济增长和生产率提高的独特现象。……人们普遍认为，事实上也极有可能，创新型企业家精神不仅推动经济增长，而且扮演着至关重要的角色。"㈢他通过詹姆斯·瓦

㈠ 戴维·兰德斯等：《历史上的企业家精神：从古代美索不达米亚到现代》，中信出版集团 2016 年版，第 629 页。
㈡ 戴维·兰德斯等：《历史上的企业家精神：从古代美索不达米亚到现代》，中信出版集团 2016 年版，第 629 页。
㈢ 戴维·兰德斯等：《历史上的企业家精神：从古代美索不达米亚到现代》，中信出版集团 2016 年版，第 630-631 页。

特这位伟大的发明家，是如何在马修·博尔特充当了企业家角色后，把瓦特机推向市场，并用于生产性目的这一事例说明："这无疑是创新型企业家及其对经济增长做出贡献的绝佳例子。"[一]

鲍莫尔肯定了文艺复兴和工业革命对于生产性企业家精神的促进作用，并将这段时期视为生产性企业家精神盛行的诞生期。他从历史角度的阐述，用诺贝尔奖得主道格拉斯·诺斯强调的，"正是社会制度可以促成创业活动在相当大程度上从寻租和军事暴力转向创新和生产"的观点，向人们表明，"这种法治的演变可能是促成生产性企业家制度茁壮成长和资本主义诞生的最重要的因素"。[二]

鲍莫尔详细地说明某些关键性制度，如专利制度、反托拉斯法、破产保护和银行体系，推动了生产性创业活动的兴起和发展。这些制度被视为历史上促进了创新型生产性企业家成长的制度。专利制度对于创新型企业家精神的推动作用，主要是通过两个途径实现的：一是保护暂时的合法垄断报酬；二是将这些知识产权的使用权转化为一种适销商品。然而，专利的早期使用并不旨在为知识产权的创造者提供保护，恰恰相反，

[一] 戴维·兰德斯等：《历史上的企业家精神：从古代美索不达米亚到现代》，中信出版集团2016年版，第631页。

[二] 戴维·兰德斯等：《历史上的企业家精神：从古代美索不达米亚到现代》，中信出版集团2016年版，第634页。

它旨在激励知识产权转让以及帮助其他国家提高生产率。直到后来,由于议会不满皇室滥用专利证书奖励其宠臣或将专利用于同良好的知识产权管理无任何关联的目的,专利才变成保护发明者的一种工具。英国在1624年实施的《垄断法规》将现代的专利使用方法引入法律,《美利坚合众国宪法》将专利明确写入其中,都是不寻常之举,都在推动国家经济雄霸全球中起到积极作用。

过去一个多世纪以来,反托拉斯法及其导致的竞争,也在鼓励创新中发挥了重要作用。这些相关法律有助于确保那些将创新视为生死攸关的寡头垄断企业之间的竞争程度,迫使它们持续关注新产品的销售和新生产工艺的采用。这种竞争还导致企业设立内部的研发部门,它们有条不紊地努力为公司提供保持市场地位所必需的创新产品。另一项产生了同样作用的制度是破产法,它为在创业活动中失败的企业家提供了一定程度的保护。由于创新没有先例可循,本质上是一种风险极高的活动,所以,破产保护无疑成了创新努力的一种重要鼓励,或者说,成了制度意义上的容错机制。企业家创建企业的规模和经营业务的市场规模,是一个决定企业和企业家发展的问题。银行的出现成为解决这个问题的重要途径。银行提供的金融工具、银行体系和相关的制度,对企业家成长的作用是不言而喻的。

四、韦伯视角：文化的视角

我曾在 2016 年 6 月 3 日"文汇学人"版发表题为《企业家精神的文化基因是多元的》一文，专门探讨韦伯关于现代资本主义精神起源的研究，其中主要关注企业家、企业家精神的起源。特别是，这篇文章是通过韦伯与维也纳·桑巴特有关企业家文化基因的争论，讨论企业家精神及其起源的。下面简要回顾一下这篇文章的主要内容。

韦伯研究专家斯蒂芬·卡尔伯格为《新教伦理与资本主义精神（罗克斯伯里第三版）》（简称《新教伦理》）写过一篇"导读"㊀。在这篇"导读"中，卡尔伯格就韦伯关于现代资本主义兴起，现代资本主义精神起源的思想做了一个梳理。他写道："尽管《新教伦理》经常被理解为对现代资本主义的兴起，甚至对我们今天世俗的、都市的和工业的世界的起源提供了说明，但其目的实际上远比这更为谦虚。韦伯希望阐明现代工作伦理和物质成就取向的一个重要来源——他称之为'资本主义精神'，是存在于'入世'的功利关切和商业精明之外的领域中的。……韦伯坚称，任何关于资本主义精神起源的讨论必须承认这一核心的宗教源泉。"这里，我们要特别注意"更为谦虚"和"之外的领域"这两个提法。所谓"更为谦虚"是

㊀ 马克斯·韦伯：《新教伦理与资本主义精神（罗克斯伯里第三版）》，社会科学文献出版社 2010 年版，第 306-365 页。

指韦伯所称的"资本主义精神"(即现代资本主义精神,在韦伯那里,资本主义和现代资本主义是有原则性区别的),其实就是职业精神,企业家精神是职业精神的一种,产生的是激励作用;"之外的领域"是指他所要承认的"宗教源泉"的背后就是新教伦理,就是清教徒入世的禁欲主义,产生的是约束作用。因此,"新教伦理和资本主义精神这二者在促进现代资本主义兴起上发挥了重要的推动作用"。

韦伯强调"现代资本主义精神乃至一般而言的现代文明的诸构成成分之一,是在天职观念的基础上对生活进行理性组织。这诞生于基督教禁欲主义的精神"[一],但是,"韦伯坚持认为,……新教伦理在资本主义精神的形成过程中起到了'共同参与'作用"。[二]也就是说,尽管他评价并批评犹太教、天主教,但他并没有将基督教入世的禁欲主义即新教伦理,作为资本主义精神的唯一来源,而是强调"(现代)资本主义精神……在现代资本主义企业中找到了它最合适的形式,另一方面,……资本主义企业也在这一思想框架里发现了最适合它的驱动力,或者精神"。[三]如上所述,新教伦理在促使激励精神

[一] 马克斯·韦伯:《新教伦理与资本主义精神(罗克斯伯里第三版)》,社会科学文献出版社2010年版,第340页。
[二] 马克斯·韦伯:《新教伦理与资本主义精神(罗克斯伯里第三版)》,社会科学文献出版社2010年版,第335页。
[三] 马克斯·韦伯:《新教伦理与资本主义精神(罗克斯伯里第三版)》,社会科学文献出版社2010年版,第340页。

和约束精神之间平衡的方面，提高了创业者、企业主人格试错为"对"的概率，进而使新教徒中产生了更多的企业家，最终，新教徒集中的国家和地区的资本主义得到先发优势。这是历史事实，也符合韦伯的分析逻辑。但这并不表明，企业家精神的文化基因是一元的。

桑巴特在阐述资本主义与犹太教教义之间的联系，以及犹太教教义之于现代经济生活的重要意义时，也同时声明："我在不同的教义中看到同样的精神。"所以，被韦伯和桑巴特称为资本主义精神的企业家精神，乃至职业精神是一般，新教、犹太教，以及其他教义，抑或准教义，如儒教，都是特殊，都可能对企业家精神的产生起作用。否则，不好解释东亚文明中的企业家精神，民国时期和改革开放以来中国的企业家精神。企业家阶层、企业家精神的文化基因是多元的，可以来自先发的文明中，也可以来自后发的文明中。

因为企业家才能和企业家精神是一种天赋的潜质，所以，要经过创业者持续地试错，最终在极小众的人身上表现出来。现实表明，企业家精神是人类社会最为稀缺的经济资源。接下来的问题是，试错在哪种文化环境里进行，最有可能为"对"。生物学家告诉我们，一个人的基因主要是由遗传决定的，是由通过遗传得到的遗传材料DNA的碱基顺序排列所决定的。但是，环境因素的后天影响，会改变基因表达，使原本的基因不能正常地工作和表达，或相反，使原本的基因能够正常甚至更加优化地工作和表达。现在关于创新生态系统的研究表明，这种文化环境恰是其中的重要组成部分。创新生态的文化往往超越宗教信仰，有着来自多方面的构成要素，决定着创新生态中创业创新的成功率。

REFERENCE
参考文献

[1] 史密斯. 城市：最初的 6000 年［M］. 郝鹏程，刘源洁，译. 北京：中国科学技术出版社，2023.

[2] 深圳市政协文化文史委员会. 深圳口述史·法治篇［M］. 深圳：深圳出版社，2023.

[3] 谢国平. 中国传奇：从特区到自贸区［M］. 上海：上海人民出版社，2019.

[4] 邓小平. 邓小平文选：第二卷［M］. 北京：人民出版社，1994.

[5] 老亨. 深圳传［M］. 北京：中国致公出版社，2021.

[6] 戴北方，等. 深圳口述史：上卷［M］. 深圳：海天出版社，2017.

[7] 戴北方，等. 深圳口述史：下卷［M］. 深圳：海天出版社，2017.

[8] 何良. 八卦岭：追梦驿站［M］. 深圳：深圳报业集团出版社，2023.

[9] 陈启文. 为什么是深圳：长篇报告文学［M］. 深圳：海天出版社，2020.

[10] 陈宪. 深圳行业发展报告2023［M］. 上海：上海交通大学出版社，2024.

[11] 泽林. 深圳：中国式未来［M］. 毛明超，译. 北京：中译出版社，2023.

[12] 霍尔，罗森伯格，等. 创新经济学手册：第一卷［M］. 上海市科学学研究所，译. 上海：上海交通大学出版社，2017.

[13] 邓恩. 未来自然史：掌控人类命运的自然法则［M］. 李蕾，张玉亮，译. 北京：新星出版社，2024.

[14] 深圳市政协文化文史委员会编. 深圳口述史·科技篇（上）［M］. 深圳：深圳出版社，2023.

[15] 黄，霍洛维茨. 硅谷生态圈：创新的雨林法则［M］. 诸葛越，等译. 北京：机械工业出版社，2015.

[16] 罗斯. 什么造就了城市：城市的前世今生以及未来的可能［M］. 谢幕娟，译. 北京：北京时代华文书局，2021.

[17] 邱文. 深圳创新密码：重新定义科技园区［M］. 北京：清华大学出版社，2021.

[18] 郑永年，王达. "前海模式"：改革、开放、创新与中国式现代化［M］. 北京：中国社会科学出版社，2024.

[19] 胡野秋. 深圳传：未来的世界之城［M］. 北京：新星出版社，2020.

[20] 唐汉隆. 深圳全民阅读发展报告（2024）［M］. 深圳：深圳出版社，2024.

[21] 王京生. 深圳十大观念［M］. 深圳：深圳报业集团出版社，2011.

[22] 杨子葆. 城市的36种表情［M］. 北京：商务印书馆，2020.

[23] 文朝利. 深圳语录［M］. 深圳：海天出版社，2010.

[24] 中共深圳市委宣传部，深圳市文明办. 文明深圳［M］. 北京：人民日报出版社，2020.

[25] 中共深圳市委宣传部，深圳市社会科学院. 新时代深圳精神［M］. 深圳：海天出版社，2020.

［26］李子彬. 我在深圳当市长［M］. 北京：中信出版社，2020.
［27］陈宪，夏立军，钟世虎，等. 创新之城：谁在引领强城时代［M］. 北京：机械工业出版社，2024.
［28］格林斯潘，伍尔德里奇. 繁荣与衰退：一部美国经济发展史［M］. 束宇，译. 北京：中信出版集团股份有限公司，2019.
［29］杨黎光. 奔腾的深圳河［M］. 深圳：深圳出版社，2024.
［30］杨点墨. 漂洋过海来深圳［M］. 深圳：深圳报业集团出版社，2020.
［31］老亨. 深商简史：1978—2018［M］. 深圳：深圳报业集团出版社，2018.
［32］张新奇. 奇迹之城：深圳备忘书［M］. 深圳：深圳出版社，2024.

POSTSCRIPT
后记

在前言中我曾说，写这本书是一时兴起，但我对深圳的观察和研究已有十多年的时间了。所以，这本书并非一时之作，它是在我过去积累的基础上完成的。也就是说，"一时兴起"并不意味着凭空产生。

书稿能在不到3个月的时间里完成，是因为得到了合作者、学生和同事的鼎力帮助。他们是上海市改革发展研究院助理研究员戴跃华，上海社会科学院应用经济研究所博士生张仁贵，上海商学院讲师崔婷婷，上海交通大学深圳行业研究院胡晓娟、张小芳、钟晓惠、李泽辉等。在此，向他们表示衷心感谢。

上海交通大学安泰经济与管理学院特聘教授、中国发展研究院执行院长陆铭，是我国专注于研究城市经济和社会，尤其关注城乡底层人群的经济学家。他撰写的《大国大城》《向心城市》不仅是广受欢迎的畅销书，而且是城市研究的经典著作。我请他为本书作序，和他说："写写你眼中的深圳就行。"特别感谢他写下了寓意深刻、文采飞扬的推荐序。

在写《创新无限：深圳奇迹启示录》的过程中，最使我惴惴不安的是，书中遗漏了一些对深圳 1980～2025 年这 45 年发展有重要贡献的人物，以及有重大影响的事件或事物。到底遗漏了哪些人物，我无法说清楚，但遗漏的事件或事物，我多少心中有数，如深圳的城中村。城中村是一个很深圳的事物，它和深圳快速城市化有关。直觉告诉我，这是一个不那么好写的内容，于是写作时我就舍去了。现在，深圳城中村的数量已大幅减少，面积也大幅缩减，但城中村在深圳的存在利大于弊。它给来深圳奋斗的青年人，尤其是社会的弱势群体提供了他们尚能支付得起的栖身之地。也正因为有城中村，他们才得以为深圳的各项事业做出了自己的贡献。

好在《创新无限：深圳奇迹启示录》并不是一本专注于深圳历史的书，有些内容在写作中是可以舍弃的，我也以此来缓解自己惴惴不安的心情。在写这本书的过程中，我读了一些有关深圳的文献，里面写到了大量可歌可泣的人物，有敢作敢为的领导人，更有平凡奉献的劳动者。他们前赴后继的奋斗，成就了今天的深圳。我向他们致以深深的敬意！

感谢上海交通大学安泰经济与管理学院给我在深圳行业研究院继续工作的机会。正因为有这个平台，我能够比较便利地进行调研和交流，有了更多了解和研究深圳的可能。

机械工业出版社的编辑们在短短的时间内就完成了这本书的编校和出版工作。他们的敬业、专业和无私给我留下了深刻的印象。我向他们致以衷心的感谢。

陈宪
2025 年 3 月于深圳

马特·里德利系列丛书

创新的起源：一部科学技术进步史
ISBN：978-7-111-68436-7

揭开科技创新的重重面纱，开拓自主创新时代的科技史读本

基因组：生命之书23章
ISBN：978-7-111-67420-7

基因组解锁生命科学的全新世界，一篇关于人类与生命的故事，华大CEO尹烨翻译，钟南山院士等8名院士推荐

先天后天：基因、经验及什么使我们成为人（珍藏版）
ISBN：978-7-111-68370-9

人类天赋因何而生，后天教育能改变人生与人性，解读基因、环境与人类行为的故事

美德的起源：人类本能与协作的进化（珍藏版）
ISBN：978-7-111-67996-0

自私的基因如何演化出利他的社会性，一部从动物性到社会性的复杂演化史，道金斯认可的《自私的基因》续作

理性乐观派：一部人类经济进步史（典藏版）
ISBN：978-7-111-69446-5

全球思想家正在阅读，为什么一切都会变好？

自下而上（珍藏版）
ISBN：978-7-111-69595-0

自然界没有顶层设计，一切源于野蛮生长，道德、政府、科技、经济也在遵循同样的演讲逻辑

飞行家系列

一人,一书,一段旅程,插上文字的翅膀,穿越大海与岁月

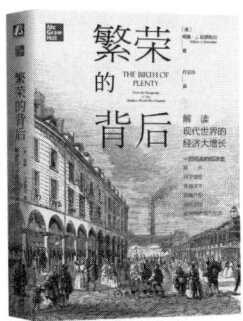

繁荣的背后:解读现代世界的经济大增长
ISBN: 978-7-111-66966-1
探寻大国崛起背后的逻辑,揭示现代世界格局的四大支柱

世界金融史:泡沫、战争与股票市场(珍藏版)
ISBN: 978-7-111-71161-2
从美索不达米亚平原的粘土板上的借贷记录到雷曼事件,一部关于金钱的人类欲望史;一部"门外汉"都能读懂的世界金融史。

左手咖啡,右手世界:一部咖啡的商业史
ISBN: 978-7-111-66971-5
一颗咖啡豆穿越时空的故事,翻译成15种语言,享誉世界的咖啡名著,咖啡是生活、是品位、是文化、更是历史,本书将告诉你有关咖啡的一切。

宽客人生:从物理学家到数量金融大师的传奇(珍藏版)
ISBN: 978-7-111-69824-1
一位科学家的金融世界之旅,当你研究物理学的时候,你的对手是宇宙;而在研究金融学时,你的对手是人类。

社会经济观察

  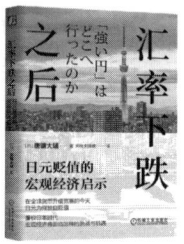

分类	书号	书名	作者	定价
大前研一作品	978-7-111-76218-8	银发经济学：老龄时代的商业机会	[日]大前研一	59.00
	978-7-111-60125-8	低欲望社会：人口老龄化的经济危机与破解之道	[日]大前研一	49.00
日本经济史	978-7-111-76228-7	日本央行的光与影：央行与失去的三十年	[日]河浪武史	59.00
	978-7-111-74125-1	汇率下跌之后：日元贬值的宏观经济启示	[日]唐镰大辅	59.00
	978-7-111-69815-9	失去的三十年：平成日本经济史	[日]野口悠纪雄	59.00
	978-7-111-69582-0	失去的二十年（十周年珍藏版）	[日]池田信夫	69.00
	978-7-111-71222-0	失去的制造业：日本制造业的败北（珍藏版）	[日]汤之上隆	69.00